中国生态环境产教融合丛书
智慧水务专业教材

污水处理厂设备运行管理

杨越辉　夏志新　熊宪明　主编

中国环境出版集团·北京

图书在版编目（CIP）数据

污水处理厂设备运行管理/杨越辉，夏志新，熊宪明主编．—北京：中国环境出版集团，2022.2（2024.2 重印）
（中国生态环境产教融合丛书）
智慧水务专业教材
ISBN 978-7-5111-5074-5

Ⅰ．①污…　Ⅱ．①杨…②夏…③熊…　Ⅲ．①污水处理厂—污水处理设备—设备管理—教材　Ⅳ．①X505

中国版本图书馆 CIP 数据核字（2022）第 028516 号

出 版 人	武德凯	
责任编辑	曹　玮	
责任校对	任　丽	
封面设计	岳　帅	

出版发行　中国环境出版集团
　　　　　（100062　北京市东城区广渠门内大街 16 号）
　　　　　网　　址　http：//www.cesp.com.cn
　　　　　电子邮箱　bjgl@cesp.com.cn
　　　　　联系电话　010-67112765（编辑管理部）
　　　　　发行热线　010-67125803，010-67113405（传真）
印　　刷　玖龙（天津）印刷有限公司
经　　销　各地新华书店
版　　次　2022 年 2 月第 1 版
印　　次　2024 年 2 月第 2 次修订印刷
开　　本　787×1092　1/16
印　　张　14.5
字　　数　316 千字
定　　价　48.00 元

【版权所有。未经许可，请勿翻印、转载，违者必究。】
如有缺页、破损、倒装等印装质量问题，请寄回本集团更换

中国环境出版集团郑重承诺：
中国环境出版集团合作的印刷单位、材料单位均具有中国环境标志产品认证。

中国生态环境产教融合丛书
编 委 会

专家顾问

李伟光　于良法　王建利　刘益贵　孙水裕　耿世刚

主　　任

于立国　冀广鹏　南　军　毕学军　周　媛　吴同华　卢金锁

副 主 任

周旭辉　丁曰堂　龙小兵　张一兰　陈凯男　张皓玉　郭秋来
朱　蕊　秦建明

主　　编（按姓氏拼音排序）

陈克森　崔明池　高　栗　李　欢　李　婧　刘立忠　刘小梅
刘振生　楼　静　马文瑾　冒建华　吴玉红　杨越辉　曾庆磊
张文莉　朱月琪　宗德森

副 主 编（按姓氏拼音排序）

曹　喆　陈炳辉　程永高　冯艳霞　刘同银　马圣昌　曲　炜
宋雪臣　孙　艳　王双吉　王顺波　夏志新　熊宪明　许　峰
袁瑞霞　曾红平　张　雷

本书编委会

主　编　杨越辉（北控水务集团有限公司）
　　　　夏志新（广东环境保护工程职业学院）
　　　　熊宪明（北控水务集团有限公司）

编　委　侯蓬勃（北控水务集团有限公司）
　　　　张光琦（北控水务集团有限公司）
　　　　谭子文（北控水务集团有限公司）
　　　　曹国强（北控水务集团有限公司）
　　　　杨佐富（北控水务集团有限公司）
　　　　孙作俊（北控水务集团有限公司）
　　　　赵宇翔（北控水务集团有限公司）
　　　　黄柱钦（北控水务集团有限公司）
　　　　毛文彬（北控水务集团有限公司）
　　　　易承寨（北控水务集团有限公司）
　　　　王　强（北控水务集团有限公司）
　　　　朱钦飞（北控水务集团有限公司）
　　　　钟高辉（广东环境保护工程职业学院）
　　　　刘　斌（广东环境保护工程职业学院）
　　　　解　荣（广东环境保护工程职业学院）
　　　　丁杰伟（广东环境保护工程职业学院）

总　序

2021 年是"十四五"开局之年，我国生态环境产业将继续迎来蓬勃发展的重要机遇期，国家着力建立健全绿色低碳循环发展经济体系，促进经济社会发展全面绿色转型。面对新的发展时期，在"绿水青山就是金山银山"理念和生态文明思想的指引下，水务行业将从传统的水资源利用和水污染防治逐渐发展为生态产品价值体现以及环境资源贡献。

随着生态环境产业的迅速发展，对技术创新力的要求不断提高，市场竞争中行业人才供给有着非常大的缺口，而"产教融合"正是解决这一"缺口"的有效途径。企业通过与高校开展校企合作，联合招生，共同培养水务人才；企业专家和高校教师共同制定培养方案并开发教材，将污水处理厂作为学生的实习基地；企业专家担任高校授课教师，从而将对岗位能力的实际需求全方位地融入学生的培养过程。

2017 年，《关于深化产教融合的若干意见》印发，鼓励企业发挥重要主体作用，深化引企入教，促进企业需求融入人才培养环节，培养大批高素质创新人才和技术技能人才；2019 年，《国家产教融合建设试点实施方案》再次强调，企业应通过校企合作等方式构建规范化的技术课程、实习实训和技能评价标准体系，在教学改革中发挥重要主体作用，在提升技术技能人才和创新创业人才培养质量上发挥示范引领作用；2021 年，《中华人民共和国国民经济和社会发展第十四个五年规划和 2035 年远景目标纲要》提出，建设高质量教育体系，推行"学历证书+职业技能等级证书"制度，深化产教融合、校企合作，鼓励企业举办高质量职业技术教育，实施现代职业技术教育质量提升计划，建设一批高水平职业技术院校和专业。

北控水务集团有限公司是国内水资源循环利用和水生态环境保护行业的旗舰企业，集产业投资、设计、建设、运营、技术服务与资本运作为一体。近年来，在国家政策导向和企业发展战略的双重驱动下，北控水务集团有限公司在多年实践经验的基础上，进一步推动在产教融合领域的积极探索，把握（现代）产业学院建设、1+X证书制度试点建设、"双师型"教师队伍建设、公共实训基地共建共享等重大政策机遇，围绕产教融合"大平台+"建设规划开展了一系列实践项目，并取得了显著成果。北控水务集团有限公司希望通过践行产教融合战略，推动行业人才培养和技术进步，为水务行业的持续发展提供有力的支持和帮助。

"中国生态环境产教融合丛书"（以下简称丛书）主要涉及智慧水务管理、职业技能等级标准、大学生创新创业、实习培训基地等，聚焦生态环境领域人才培养，采用校企双元合作的教材开发模式和内容及时更新的教材编修机制，深度对接行业企业标准，落实"书证融通"相关要求，同时适应"互联网+"发展需求，加强与虚拟仿真软件平台的结合，重视对学生实操能力的培养。

由于丛书内容涉及多学科领域，且受编者水平所限，难免有遗漏和不足之处，敬请读者不吝指正。

北控水务集团有限公司轮值执行总裁
生态环境职业教育教学指导委员会副秘书长

2021年12月

前　言

污水处理厂设备主要包括水泵、风机、阀门、高低压配电系统等通用机电设备，格栅、搅拌器、推流器、刮吸泥机、脱水机、曝气器、消毒设备、膜处理设备等专用设备，以及在线仪表、视频监控和自控系统等监控设备，由于城镇污水处理的特殊性，为确保污水能够得到及时、有效处理，避免污水溢流污染环境，污水处理厂设备需要连续、稳定运行。另外，由于污水处理厂设备运行过程要消耗较多电能，运行管理人员需要根据实际水量、水质状况灵活调整运行方式，以实现高效运行，节能降耗。污水处理厂设备是生产运行的重要基础，设备管理质量直接影响污水处理的效果及效率。

设备运行管理主要包括日常操作、点检、调控和一般维护等日常运行管理工作以及定期维护、故障检修、重置改造等。其中日常运行管理工作主要由运行管理人员 24 小时连续执行，由于污水处理厂设备种类较多，日常管理工作专业性较强，而运行管理人员大多数都不是设备类专业出身，因此，运行管理人员需要学习和掌握必要的设备日常运行管理专业知识和技能，以提高设备运行管理质量，确保污水处理厂连续、稳定、高效运行。

本书通过理论与实践相结合的方式，系统介绍了污水处理厂各单元主要设备的结构、类型、工作原理、性能特点、控制方式、安全运行操作、日常点检与一般维护、常见故障检查与处理、完好标准等内容，并根据智能监控和节能降耗管理经验，编写了运行监控、经济运行等内容，并配套相应的技能要点与现场实训，内容通俗易懂，实用性强，可作为高等院校环境工程类相关专业学生和污水处理厂运行管理人员学习设备日常运行管理专业知识和实操技能的教材，也可作为设备维护检修和自动控制人员了解污水处理厂设备运行管理需求的学习资料。

本书第 1 章由曹国强、侯蓬勃、张光琦、谭子文和刘斌编写；第 2 章由熊宪明、黄柱钦、谭子文、杨佐富、孙作俊和夏志新编写；第 3 章由赵宇翔编写；第 4 章由王强、黄柱钦和解荣编写；第 5 章由易承寨、毛文彬、熊宪明、曹国强和钟高辉编写；第 6 章由朱钦飞和丁杰伟编写；第 7 章由王强和丁杰伟编写；全书由杨越辉、夏志新、熊宪明审核和统稿。

由于编者水平有限，书中难免出现错误和纰漏，敬请读者予以批评指正。

编　者

2021 年 5 月

目 录

第1章 城镇污水处理厂预处理单元设备 1
 1.1 格栅 1
 1.2 提升泵 11
 1.3 排砂设备 21

第2章 城镇污水处理厂生化处理单元设备 31
 2.1 生化处理主要工艺类型 31
 2.2 潜水推流器及潜水搅拌器 42
 2.3 曝气鼓风机 49
 2.4 曝气器 65
 2.5 排泥设备 79
 2.6 滗水器 89

第3章 城镇污水处理厂超滤膜处理设备 97
 3.1 超滤膜技术简介 97
 3.2 超滤膜工艺系统 108
 3.3 膜生物反应器 121

第4章 城镇污水处理厂消毒单元设备 133
 4.1 紫外线消毒 133
 4.2 二氧化氯消毒 142
 4.3 次氯酸钠消毒 147

第5章 污泥脱水单元设备 151
 5.1 简介 151
 5.2 分类 167

第 6 章　阀　门 205

6.1　简介 205
6.2　控制方式与运行监控 214
6.3　安全运行操作 215
6.4　日常点检与一般维护 215
6.5　常见故障检查与处理 216
6.6　经济运行 216
6.7　完好标准 216
6.8　技能要点与现场实训 216

第 7 章　供配电系统与电气控制 217

7.1　类型及特点 217
7.2　控制方式与运行监控 218
7.3　安全运行操作 219
7.4　日常点检与一般维护 219
7.5　常见故障检查与处理 220
7.6　经济运行 220
7.7　完好标准 220
7.8　技能实训与现场实训 221

第1章 城镇污水处理厂预处理单元设备

1.1 格栅

1.1.1 简介

1.1.1.1 功能及类型

格栅清污机,简称格栅,是污水处理专用的物理处理机械设备,主要功能是去除污水中各种悬浮物或漂浮物(如树叶、杂物、木块、废塑料等),应用于污水处理中的预处理工序,一般置于污水处理厂的进水渠道上。格栅清污机可保护后续水泵等设备及后续污水处理工序得以正常顺利运行,是污水处理中很重要的设备,必不可少。

目前国内生产的格栅清污机形式多样,种类繁多,各污水处理厂可以根据各自的土建设施情况、进水水质、水量等选择不同形式的格栅清污机。格栅清污机的拦截清污效果取决于栅条净间隙。格栅按栅条净间隙可分为粗格栅(10~25 mm)和细格栅(1.5~10 mm);按格栅安装角度可分为倾斜式格栅和垂直式格栅;按运动部件可分为高链式、回转式、钢丝绳牵引式等。污水处理厂常用格栅的适用范围及优缺点如表1-1所示。

表1-1 污水处理厂常用格栅的适用范围及优缺点

类别	主要应用类型	去除垃圾方式	优点	缺点
粗格栅	高链式	直捞式	1. 构造简单,制造方便; 2. 占地面积小	1. 杂物有时会卡住链条与链轮; 2. 套筒滚子链造价高,易腐蚀
	回转式	回转输送式	1. 耙齿由不锈钢或塑料制成,耐腐蚀; 2. 封闭式传动链,不易被杂物卡住	1. 耙钩易磨损,造价高; 2. 塑料件易破损

类别	主要应用类型	去除垃圾方式	优点	缺点
粗格栅	钢丝绳牵引式	翻耙抓捞式	1. 无水下固定部件的设备，维修方便； 2. 适用范围广	1. 钢丝绳易腐蚀磨损，宜采用不锈钢丝绳； 2. 水下有固定部件的设备，维修检查时须停水
细格栅	回转式	回转输送式	1. 耐腐蚀； 2. 封闭式传动链，不易被杂物卡住； 3. 拦截垃圾效果好	1. 耙钩易磨损，造价高； 2. 塑料件易破损

1.1.1.2　工作原理及结构

（1）三索钢丝绳式粗格栅

三索钢丝绳式粗格栅实物如图 1-1 所示。

图 1-1　三索钢丝绳式粗格栅

三索钢丝绳式粗格栅由三根钢丝绳控制耙斗的提升和开闭。中间一根控制耙斗的开耙、闭耙，两侧两根控制提耙、放耙，在机架上装有信号检测机构以检测钢丝绳行走是否同步，同时设有松绳故障检测装置，以防钢丝绳意外断落。故障信号发出后，机器可自动停止，并显示故障信号和报警。

三索钢丝绳式粗格栅主要由驱动装置、耙斗与卸料机构、钢丝绳缠绕机构、钢丝绳导轮机构、钢丝绳张紧及翻转机构等组成。其主要构件如图 1-2 所示。

三索钢丝绳式粗格栅性能特点如下：

①所有运动元件均在水面之上，维修检测方便。

②采用大容量、重负荷抓斗式耙齿设计，除污效果好，特别适用于垃圾复杂的泵站。

③格栅可分段制造，运输、安装十分方便。

④运行稳定，故障率低。

驱动装置　　　　　　　　耙斗及卸料机构　　　　　　钢丝绳缠绕机构

钢丝绳导轮机构　　　　　　　　　　钢丝绳张紧及翻转机构

图 1-2　三索钢丝绳式粗格栅主要构件

（2）回转式粗格栅

回转式粗格栅实物如图 1-3 所示。

图 1-3　回转式粗格栅

回转式粗格栅主要由电动机经过减速器带动链轮，在迎水侧使齿耙沿格栅由下向上运动，其耙齿伸入栅条之间，随着齿耙的上升，栅条截住的垃圾随之而上，到达顶部回转时，垃圾靠自重掉落到垃圾车里，齿耙继续运转，从格栅底部回转至栅条处，进行下一个循环，这样污水中的垃圾就被截留并提至垃圾车进行处理。

回转式粗格栅由驱动装置、格栅耙齿、栅条、导轮等构件组成。其主要构件如图 1-4 所示。

| 耙钩式格栅耙齿 | 背耙式格栅耙齿 | 不锈钢齿耙 |

| 栅条 | 导轮 | 驱动装置 |

图 1-4　回转式粗格栅主要构件

（3）转鼓式细格栅

转鼓式细格栅实物如图 1-5 所示。

图 1-5　转鼓式细格栅

转鼓式细格栅与水平面成 35°安装在水渠中，污水从转鼓过滤网开放端进入，漂浮物留在过滤网的内表面，水则通过过滤网侧面的栅缝流出，转鼓的上方有尼龙刷和冲洗水喷嘴，通过转刷旋转将栅渣从内壁清除并送入格栅内配置的螺旋压榨输送机内，栅渣通过螺旋输送运转挤干、脱水后运至上端排料斗排出。

转鼓式细格栅主要由驱动机构、转鼓托轮、滤网、螺旋输送系统等构件组成。其主要构件如图 1-6 所示。

驱动机构

转鼓托轮

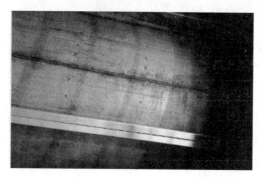
滤网

螺旋输送系统

图 1-6　转鼓式细格栅主要构件

（4）阶梯式格栅

1）栅片阶梯式格栅

栅片阶梯式格栅由一组固定的静栅条和一组移动的动栅条组成栅条组并安装在一起。当动栅条移动时，静栅条静止不动。静、动栅条之间的间隙为栅条间距。栅条的运动对格栅产生了向上的提升力，并传送到下一级栅条。通过这种方式，格栅将截留物沿阶梯一级级向上运输，当垃圾到达格栅顶部时，自动掉入螺旋输送机内进行处理。其实物如图 1-7 所示。

图 1-7　栅片阶梯式格栅

栅片阶梯式格栅主要由一组固定的静栅条、一组移动的动栅条、机架及驱动装置等构件组成。其主要构件如图1-8所示。

机架

静、动栅条

图1-8　栅片阶梯式格栅主要构件

2）网板台阶式格栅

网板台阶式格栅主要用于细格栅渠道，除拦截一般的垃圾外，还主要去除较小颗粒状无机物。其运行方式和结构与回转式粗格栅基本一致，不同的是前者采用网板代替栅条和耙齿，将拦截的杂物通过台阶向上运动到顶部后卸渣去除。网板台阶式格栅可以根据过水量要求定制不同孔径和宽度的网板，但考虑其网孔的特殊性，必须采用至少0.6 MPa的冲洗水对网孔进行冲洗，以减少网孔堵塞故障的发生。其优点是可拦截较小杂物，缺点是网孔易发生堵塞且不易清洗。其实物如图1-9所示。

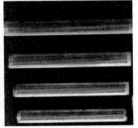

图1-9　网板台阶式格栅

（5）内进流筛网式格栅

内进流筛网式格栅是一种新型格栅，它结合了转鼓式细格栅和网板台阶式格栅的特点，主要作为精细格栅应用于细格栅后端，过水量大，安装方便，并可以根据过水量要求定制不同孔径和宽度的栅网，垃圾拦截彻底。内进流筛网式格栅的连续穿孔栅板平行于水流方向安装，机架安装于格栅渠道的中央，在机架下部的迎水端（迎水端开有一个进水洞口，其对侧为封闭端）两侧（两侧与格栅渠之间的间隙为格栅滤后出水的通道）

与渠壁间布置了导流挡板,在导流的同时可防止污水短流(由滤前直接进入滤后)。污水从格栅中间的进水洞口流入机内后经两侧栅板流出,并经两侧出水通道汇入机后渠道。驱动电机安装在机架正向的输出轴上,两侧网板在传动链条的带动下,自下而上将其长度范围内截留的污物向上提取,抵达上部后,在上部冲洗水的作用下,自动完成卸渣工作,渣水排入两侧网板之间的集渣槽后,自流排出机外。其实物如图 1-10 所示。

图 1-10　内进流筛网式格栅

内进流筛网式格栅主要由驱动装置、过滤筛网、冲洗装置、机架、进水口等部件组成。其主要构件如图 1-11 所示。

①过滤筛网;②进水口;③冲洗管口;④驱动装置;⑤机架。

图 1-11　内进流筛网式格栅构件

1.1.2 控制方式及运行监控

1.1.2.1 控制方式

格栅的控制方式有手动控制和自动控制两种,手动控制又包括现场手动控制和远程手动控制两种方式。电气控制箱如图 1-12 所示。

图 1-12　电气控制箱

①现场手动控制:是指在现场通过电气控制箱上的开关按钮进行开/停的操作方式控制格栅的启停。

②远程手动控制:是指在中控室计算机上通过操作界面进行开/停的操作方式。

自动控制也有两种方式,一种是根据设定的运行时间进行周期定时自动开/停;另一种是根据格栅前后液位差进行控制,当液位差超过设定值时自动启动格栅运行,直到液位差下降并低于设定值时停止运行。

1.1.2.2 运行监控

中控室计算机连续监控电源电压是否正常、机械和电机是否故障、液位差是否超过设定值(一般为 0.3 m)以及自动控制方式是否能够正常自动开/停,出现任何一种异常情况时将发出声光报警,提示运行人员进行处理。

1.1.3 安全运行操作

①现场手动操作前和操作结束后应告知中控室值班人员,并改回自动控制方式。

②现场手动操作前应检查电源电压是否正常。

③设备会随时启动运行,严禁不断开电源而随意触摸设备移动、旋转部分。

④汛期进水垃圾较多导致液位差过大而引起报警时,应改为手动控制方式连续运行,确保垃圾及时清理,必要时应停止进水提升泵的运行,避免液位差过大而损坏格栅。

1.1.4 日常点检及一般维护

①每天至少进行一次现场点检,主要检查液位差计显示是否正常、电源指示是否正常、运行过程是否平稳、电机和轴承是否发热和有异响、减速箱是否漏油、机身表面和现场控制箱内是否有腐蚀变色现象、冲洗水泵压力是否正常、喷嘴是否堵塞、格栅前水面上是否有大块杂物(如木块等)、格栅侧是否有较大缝隙、格栅是否挂有垃圾、地面是否有垃圾、储存垃圾的容器是否装满等,根据检查结果进行相应的处理或者通知设备维修人员进行检修。

②对于以自动控制方式运行的格栅,每天需在现场进行一次手动操作,观察运行过程是否正常。

③定期清洗网板台阶式格栅和内进流筛网式格栅的过滤器网,一般当过滤器后压力表表压低于 0.6 MPa 时应停机清洗过滤器网,保证冲洗效果。

1.1.5 常见故障检查与处理

(1) 电源电压异常报警

首先应改为现场手动控制方式,然后查看现场电压表显示电压是否在正常范围内(380V±7%),如若不在正常范围内,告知维修人员进行检修。

(2) 机械或电机故障报警

首先应改为现场手动控制方式,然后查看格栅上是否夹有垃圾、电机和轴承是否发热,如若发现异常,告知维修人员进行检修。

(3) 液位差超过设定值报警

首先应改为现场手动控制方式并启动运行,然后查看实际液位差是否正常,仪表显示是否正常,如液位差属实,应保持手动控制方式连续运行,必要时暂停进水提升泵的运行;如液位差异常应告知维修人员进行检修。

(4) 自动控制方式下不能正常自动开/停

首先应改为现场手动控制方式并启动运行,查看能否正常运行,如果正常运行,再改为自动控制方式。在中控室远程手动启动,看能否正常运行,如果无法正常运行,则告知维修人员进行检修。

1.1.6 经济运行

格栅经济运行的原则是在确保格栅前后液位差小于 0.3 m 的前提下尽量减少格栅运

行次数,具体可采取以下措施:①正常情况下每天手动操作运行 1 次,其余时间按照液位差自动控制方式运行;②采用定时自动控制方式运行时,应根据不同季节垃圾量的差异,灵活调整运行周期和每次运行时间,以减少运行次数。

1.1.7 完好标准

格栅完好状态工况条件及评价如表 1-2 所示。

表 1-2 格栅完好状态工况条件及评价

完好状态必备的工况条件	评价方法及说明
设备运行平稳	设备运行时无异常振动及异响;驱动机构运行正常、无漏油、无异响
格栅栅距正常,两侧无较大缝隙,后续单元无大块垃圾、渣物	格栅后续单元无直径或厚度大于栅距的垃圾
开/停操作及自动运行功能正常(可设定自动运行周期或根据液位差自动运行)	控制功能正常,各开关按键响应灵敏,现场操作和修改自动运行周期或液位差时,其运行状态正常
粗格栅液位差超过设定值时,提升泵将自动停机	现场检查和测试该项功能

完好标准如下:

①就地操作正常,运转平稳,栅渣捞取、卸渣正常。

②捞渣设备无明显垃圾缠绕或附着。

③格栅无变形,驱动机构无漏油、无异响。

④格栅与两侧无大于栅距的缝隙。

⑤捞出的垃圾不会掉落至地面或格栅后面污水中。

⑥远程操作和按设定周期或液位差自动运行功能正常。

⑦开/停状态指示和故障报警功能正常。

⑧设备外观和控制箱整洁,箱体接地线无变色或断开,无严重锈蚀,柜内接线规范整齐,无灰尘和蜘蛛网,无杂物,柜门闭锁正常,现场有电气控制图纸。

⑨设备标识、安全警示标志和安全防护措施齐全、完好无损。

1.1.8 技能要点与现场实训

1.1.8.1 现场认知

①现场认知格栅运行指示灯、控制按钮位置。

②现场认知时间周期和液位差控制数据的读数、正常值等，确定液位差计安装位置。
③现场认知格栅正常运行时的声音、振动情况。
④在中控室计算机上认知格栅操作按钮位置、颜色，异常情况显示方式等。

1.1.8.2 设备操作

①格栅控制方式切换、就地开/停操作。
②中控室计算机远程操作。

1.1.8.3 日常点检

①按照点检内容和顺序逐项进行点检练习，填写点检结果。
②编辑及完善点检表（表 1-3）。

表 1-3 格栅日常点检

巡检项目	点检标准	方法/工具	点检周期	安全注意事项	异常情况	异常处理措施

1.1.8.4 异常处理

①格栅机运行故障报警的检查练习。
②中控报警处理流程、异常情况上报流程模拟演练。

1.2 提升泵

1.2.1 简介

1.2.1.1 类型及原理

提升泵作为污水处理厂的关键设备，其主要功能是将需输送的液体（污水或清水）从低水位提升输送至高水位。按安装位置和所起作用，提升泵可分为进水提升泵、中间提升泵和出水提升泵三种。污水处理厂使用最多的是进水提升泵，其作用是将进厂污水从提升泵房输送到预处理单元。提升泵主要靠叶轮的旋转输送液体。

根据叶轮输出液体的方向的不同，提升泵又可分为离心泵、轴流泵等。

（1）离心泵

离心泵是依靠叶轮高速旋转产生的离心力来输送液体。启动离心泵后，叶轮旋转，液体发生离心运动并被甩向叶轮边缘，经泵壳流道进入输送管道，其间叶轮中心位置形成低压，周围的液体被源源不断地吸入叶轮，实现连续输送。离心泵具有大流量、高扬程的特点。污水处理厂进水提升泵和出水提升泵多采用离心泵。其实物如图 1-13 所示。

图 1-13　潜水（立式安装）型离心泵（左）和干式离心泵（中、右）

（2）轴流泵

轴流泵是利用叶轮旋转产生的轴向推力输送液体。液体轴向流入，被叶轮轴线力推动，沿着轴向流出。因液体进入叶轮和流出叶轮都是沿轴向的，故称轴流泵，其具有大流量、低扬程的特点。污水处理厂的中间提升泵和回流泵多采用轴流泵。其实物如图 1-14 所示。

图 1-14　潜水轴流泵

根据安装方式不同，提升泵又可分为干式安装和湿式安装两大类。污水处理厂的提升泵大多采用湿式安装方式，我们常说的潜水式污水提升泵就是湿式安装的污水提升泵，1.2.1.2、1.2.1.3、1.2.1.4 中重点介绍湿式安装的离心泵。

1）干式安装

干式安装的提升泵一般是安装在提升泵坑内，泵体不被污水浸没，其优点是：巡检及维护维修工作可进入泵房；可直接对泵运行状态进行监控；可在卫生条件下迅速修理；管道爆裂时泵仍可运行；泵配有内部冷却系统，无须外部介质冷却等。

2）湿式安装

湿式安装的提升泵安装在进、出水泵房水面下，泵体全部浸没于水中。其优点是：泵站土建及安装成本低，所占空间小；耦合装置使安装与拆卸方便；电机又泵送介质进行冷却等。

1.2.1.2 结构

离心泵主要由电机和泵头组成，中间由油室隔开。泵头部分包括壳体、叶轮、主轴密封、泵端轴承、进/出水管、泵体密封环等。电机及泵头还安装了定子绕组温升保护、轴承温升保护、油室漏水保护等保护装置。离心泵采用双导轨自动耦合安装方式。其主要结构如图 1-15 所示。

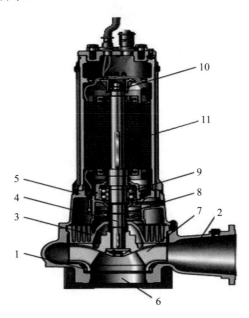

1. 泵体密封环；2. 出水管；3. 压盖；4. 主轴轴承；5. 托架；6. 进水管；
7. 叶轮；8. 主轴密封；9. 泵端轴承；10. 电机端轴承；11. 电机。

图 1-15 离心泵主要结构

其中，叶轮是离心泵的重要组成部件和输送液体的执行件。常见的离心泵叶轮有闭式、半开式、开式和螺旋式等（图1-16）。

闭式叶轮

半开式叶轮

开式叶轮

螺旋式叶轮

图1-16　离心泵叶轮

1.2.1.3　性能参数

离心泵的主要性能参数有：流量、扬程、功率、转速、允许吸上真空高度、允许汽蚀余量等。在离心泵的铭牌上，一般都标有这些参数的具体数值，以说明其最佳或额定工作状态时的性能。

（1）流量

离心泵的流量是指单位时间内由泵所输送的液体体积，即体积流量，以符号 Q 表示，单位为 m^3/s 或 m^3/h。

（2）扬程

扬程又称压头，表示单位质量的液体流过泵后的能量增值。扬程通常用 H 表示，以"m水柱"作单位，简写为"mH_2O"。通常一台泵的扬程是指铭牌上的数值，实际上工作扬程要比此值低，因为泵的扬程不仅要用来提升液体，还要克服液体在输送过程中的阻力水头。

（3）功率

功率是指电动机传到泵轴上的功率，又称输入功率，用 N 表示，单位为 kW。

（4）转速

转速是指叶轮每分钟的转数，用 n 表示，单位为 r/min。它是影响泵性能的一个重要因素，当转速变化时，泵的流量、扬程、功率等都会发生变化。

1.2.1.4 性能曲线

提升泵的性能曲线多指在一定转速下，流量与扬程、流量与功率、流量与效率的关系曲线。性能曲线的横坐标一般为流量，纵坐标为其他参数。泵是按照需要的一组参数设计的，这一组参数所组成的工况称为设计工况。理论上设计工况应具有最高的效率，实际上由于泵内的流动比较复杂，设计工况与最佳工况并不一定重合，最佳工况是由试验确定的。潜水式污水提升泵性能曲线如图 1-17 所示。

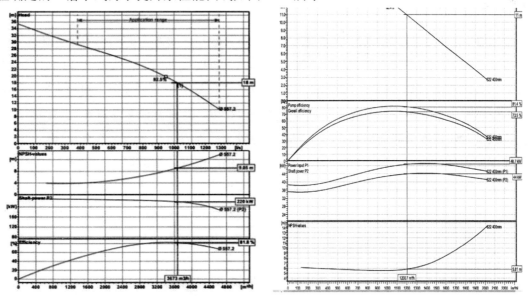

图 1-17　潜水式污水提升泵性能曲线

1.2.1.5 连接方式

污水处理厂的提升泵经常采用并联和串联的连接方式。

（1）并联

当第一台提升泵与第二台提升泵的进水管连接在一起，出水管也连接在一起时称为并联。其作用首先可以增加供水量，其次可以通过开/停泵的台数来调节泵站的流量和扬程，以达到节能和安全供水的目的，最后当并联工作的泵中有一台损坏时，其他几台泵仍可继续供水。因此，泵的并联提高了泵站运行调度的灵活性和供水的可靠性，是泵站中最常见的一种运行方式。

（2）串联

当第一台提升泵的出水管连接在第二台提升泵的进水管时称为串联，当一台提升泵扬程不足时，通常可以采用两台提升泵串联的方式工作。常用于给水管网加压，如室外给水管网的加压泵站即采用泵串联方式。

在理想状态下，同规格的两台提升泵其流量与扬程的关系是：

① 并联时：$Q=Q_1+Q_2$，$H=H_1=H_2$；

② 串联时：$Q=Q_1=Q_2$，$H=H_1+H_2$。

由此可知，当两台提升泵并联时，其系统的扬程不变，但流量叠加；当两台提升泵串联时，其系统的流量不变而扬程叠加。

1.2.1.6 汽蚀

提升泵在运转时，从水池里吸水，水沿着进水管进入吸入室，然后流入叶轮。水流在流动过程中，由于速度的增加、势能的提高，需克服流动阻力，因此水流的压力越来越低。当水流流到某一位置时，水流的压力已经下降至水的饱和压力，则水流汽化。原来溶解于水中的气体也同时逸出，形成蒸汽、气体泡。这些充满着蒸汽和气体的空泡很快胀大，并随着水流向前运动。水流到达压力较高的地方时，充满着蒸汽和气体的空泡迅速凝缩、溃灭。空泡溃灭时，水以高速填补空泡的位置，水流彼此发生撞击，形成局部水压，压力可达数千万帕。这种现象如发生在过流部件的固体壁上，过流部件会受到腐蚀、损坏，这就是汽蚀。汽蚀现象对提升泵的损害极大，设计及安装使用时应尽量避免发生汽蚀现象。

汽蚀的结果：

① 材料破坏。汽蚀发生时，机械剥蚀与化学腐蚀的共同作用使材料受到破坏。

② 性能下降。发生汽蚀的同时，泵内液体遭到连续性破坏，从而使泵的流量下降，扬程降低。

③ 噪声和振动。汽蚀是一个反复冲击、凝结的过程，同时产生剧烈的振动和噪声。当某一个振动频率与机组自然频率相一致时，机组就会产生强烈的振动，直接影响泵的正常运转。

1.2.2 控制方式与运行监控

1.2.2.1 控制方式

提升泵一般有三种控制方式：现场手动控制、中控远程控制、液位自动控制。现场手动控制方式是指在现场通过电气控制箱上的开关按钮进行开/停操作的方式。中控远程控制方式是指在中控室计算机上通过操作界面进行开/停操作的方式。液位自动控制方式是根据泵房集水井液位自动控制，高液位时开泵或加大泵运行频率，低液位时停泵或减小泵运行频率，这种方式适用于水量低于设计规模的情况。另外，可根据设定的流量实现自动控制，使实际流量与设定值一致，一般通过开/停操作和调节提升泵运行频率的方式实现，这种方式适用于水量大于设计规模的情况。

1.2.2.2 运行监控

提升泵运行监控内容包括电流、电压、流量、振动情况、泄漏情况、泵房液位和进水流量等参数。

泵房集水井安装液位计和液位开关，液位计连续监测液位并传输至中控室计算机上，作为提升泵自动运行的控制参数，液位开关在泵房低液位时自动停泵，以保护提升泵，避免提升泵干转而导致电机烧坏。

中控室计算机连续监控提升泵电压和电流是否正常、机械和电机是否故障、进水流量是否在正常范围内，出现任何一种异常情况时将发出声光报警，提示运行人员进行处理。另外，当粗格栅液位差持续大于 0.3 m 超过 1 min 时，提升泵将自动停止运行，以避免粗格栅因液位差太大而损坏。

1.2.3 安全运行操作

①现场手动控制前应告知中控室值班人员，操作结束后应改回液位自动控制方式。
②现场手动控制前应检查电源电压是否正常。
③确保控制屏上指示灯和显示屏没有报警。
④提升泵房液位要满足提升泵运行的要求。
⑤确保进水充足，各阀门处于合理位置。
⑥不得频繁启停提升泵（间隔时间应大于 10 min）。
⑦未经维修人员同意，严禁运行人员打开控制柜操作送电开关。
⑧提升泵启动后，要注意观察提升泵、管道、阀门的振动与异响，阀门管道是否有泄漏，电流、流量是否在正常范围内。

⑨如设备出现异常情况,马上按下急停按钮,并通知维修人员。

1.2.4 日常点检及一般维护

提升泵日常点检如表 1-4 所示。

表 1-4 提升泵日常点检

点检内容	点检方法
提升泵运行指示是否正常	查看控制箱运行指示灯
提升泵运行有无报警指示,电气控制箱有无异味	查看现场电气控制箱,应该无过流、泄漏、超温报警指示,无烧焦异味
提升泵运行电流是否在正常范围内,是否波动	查看现场控制柜电流表
提升泵运行有无振动、异响	仔细听提升泵运行声音是否平稳、无异响,管道、导杆有无异常振动
检查动力电缆及设备吊链	查看动力电缆和吊链是否固定良好
检查出水阀、止回阀开度是否正常	查看出水阀、止回阀开度
检查水泵流量、压力是否在正常范围内,是否有较大波动,是否与中控电脑显示数据一致	查看现场流量计、压力表读数,与中控室计算机数据做比较
泵房液位计显示是否在规定范围内,是否与中控电脑显示数据一致	查看泵房液位计数值,与中控室计算机数据做比较
泵房、中控室及控制柜通风、照明是否良好	查看泵房、中控室、控制柜风扇、滤网、空调、照明灯等是否正常
泵房泵坑盖板、护栏等是否完好无缺	查看泵坑盖板、护栏等是否完好、无缺失

1.2.5 常见故障检查与处理

提升泵故障检查与处理如表 1-5 所示。

表 1-5 提升泵故障检查与处理

故障现象	原因分析	判断方法及表现状况	故障处理方法
提升泵流量不足	叶轮缠绕垃圾、异物	流量不足	电流正常时可重启水泵;如无改善,需通知设备人员
	管道阀门未在全开位置	流量不足	检查阀门位置,必要时通知设备人员
	运行时水位下降过快	流量不足	检查系统流量或供水量(坑深),检查液位控制情况,检查粗格栅过水情况,调整提升泵频率或开泵数量
提升泵无法启动	低液位保护或液位开关故障	无法启动	通知设备人员检查液位开关
	水泵进口被沉积物堵塞	无法启动	通知设备运行人员
	综合保护器报警保护	无法启动	现场查看综合保护器报警类型,并通知设备运行人员检查
	变频器、软启动器报警保护	无法启动	现场查看报警代码,并通知设备运行人员检查
	超电流报警	中控室计算机出现报警界面	现场检查电压表是否显示正常,检查报警位置、信号代码等,停机并通知设备运行人员

故障现象	原因分析	判断方法及表现状况	故障处理方法
提升泵无法启动	运行中提升泵自动停机	中控室计算机显示停机状态并出现报警界面	现场检查提升泵按钮位置、电流表显示,确认停机后检查保护器、变频器等报警信号,通知设备运行人员检查,经其同意后方可重启提升泵
	低液位保护自动停机	中控室计算机显示停机状态	检查液位计数值是否低于浮球开关保护设定值,如液位低于设定值可降低进水量或开大水泵前端阀门,同时需通知主管领导或设备运行人员。待液位高于低位保护设定值后方可重启提升泵
	粗格栅液位差保护自动停机	中控室计算机显示停机状态	现场检查粗格栅液位差值,如超过 0.3 m 需连续运行粗格栅,待液位差低于 0.3 m 后方可重启提升泵
远程控制失效	信号或通信故障	中控室计算机无法远程启/停、调整水泵	现场转为手动运行,并通知设备运行人员
中控数据传输缺失或不准确	通信故障	流量、电流、泵房液位、粗格栅液位差等数据中控室计算机无显示或与现场仪表偏差大	检查现场仪表显示情况,并通知设备运行人员
泵房液面翻水花	水泵出水管道或耦合器泄漏	水面大量气泡或水花翻起	停泵后开启备用泵,并通知设备运行人员检查

1.2.6 经济运行

①提升泵现场手动控制模式运行时,应及时调整运行台数或频率,控制泵房液位在规定范围内,以确保提升泵高效运行。

②提升泵应安装电度表,每月根据泵房液位、提升泵流量和用电量计算提升效率,如果效率低于65%或者吨水每米输送能耗大于 0.004 kW·h,应检查叶轮、动定环磨损情况并及时处理,必要时对提升泵进行改造或重置。

③对于偏离实际工况较大的提升泵,如设计扬程与实际扬程偏差较大,可增加变频器控制,通过降低提升泵运行频率提高提升泵效率,或者重置改造叶轮,将泵设计扬程修正到实际使用扬程范围内,以提高提升泵运行效率。

④每年至少清理泵房淤积的泥沙和水面浮渣 1 次。

1.2.7 完好标准

提升泵完好状态工况条件及评价如表1-6所示。

表 1-6　提升泵完好状态工况条件及评价

完好状态必备的工况条件	评价方法及说明
运行正常、平稳，无异常声响和振动；运行数据正常	运行电流正常，三相电流偏差 $[(I_{最大}-I_{最小})×100\%/I_{平均}]$ 不超过10%；无异常振动及异响，泵的流量和效率达到相应曲线工况点的90%以上。无异常振动及异响；叶轮和泵体无异常腐蚀、磨损
流量数据稳定、准确	流量计符合安装要求，流量波动范围不超过10%，水泵运行频率加大时，流量增加，反之，则减小
开/停操作及流量调节功能（变频泵）正常	控制功能正常，变频器操作面板显示正常，各开关按键响应灵敏；现场开/停提升泵和调节流量，观察开/停过程和流量变化情况
保护功能灵敏、可靠	电机绝缘电阻大于 0.5MΩ，过温、过流、泄漏、湿度、低液位等保护功能正常；过流保护设定值为额定值的 1.1 倍，有定期进行绝缘检测和保护功能测试的记录
导轨、吊链正常（适合潜水式污水提升泵）	导轨安装牢固，无变形；吊链无锈蚀，可正常吊装

①现场/远程操作功能正常，开/停机正常，压力、功率、电流、振动和声响正常。

②流量不低于额定流量的 90%，能效原则上不低于 50%，较为经济高效的效率应在 65%～75%。提升泵吨水每米输送能耗建议应在 0.003 4～0.004 kW·h。

③综合保护器无故障显示；开/停状态指示和故障报警功能正常。

④提升泵外观无锈蚀，吊链、导轨无锈蚀，电缆固定良好，无晃动和破损；泵体内壁和叶轮无汽蚀或破损。

⑤柜门闭锁正常；控制柜内接线端子无腐蚀变色；接线不杂乱、规范整齐、无断裂；柜体内温度、进风口滤网和散热风扇正常，无灰尘、蜘蛛网，无杂物；现场有电气控制图纸。

⑥设备标识、安全警示标志和安全防护措施齐全、完好无损。

1.2.8　技能要点与现场实训

1.2.8.1　技能要点

①提升泵各控制按钮认知；电流、电压、温度等显示仪表辨识；手动开/停、手动/自动控制方式切换、应急按钮等操作。

②现场各阀门开度正确位置辨识。

③测量泵房液位、粗格栅液位差实际值，与仪表计数比较。

④现场学习安全注意事项和应急情况处理操作。

⑤中控远程控制、调整提升泵各按钮认知，实际操作。

⑥提升泵运行关键参数（流量、电流、液位、液位差）数据、曲线查询、操作。

1.2.8.2 现场实训

①现场认知提升泵运行指示灯、控制按钮、电流表、电压表的位置、正常值等数据。
②现场认知液位差计、液位计、流量计、压力表的位置、读数、正常值等数据。
③现场认知综合保护器和变频器正常、异常显示情况，接触器、开关正常位置。
④现场认知提升泵正常运行时声响、振动情况，各阀门正确位置。
⑤现场认知提升泵房、控制室、控制柜通风、排气、照明正常状态及开关位置。
⑥在中控室计算机上认知提升泵操作按钮位置、颜色，异常情况显示方式等。
⑦编辑及完善点检表（表1-7）。

表1-7 提升泵日常点检

巡检项目	点检标准	方法/工具	点检周期	安全注意事项

1.2.8.3 常见故障处理实训

①电流、电压正常时，提升泵手动、远程重启实际操作。
②手动、远程开/停和切换运行实际操作。
③备用泵管道阀门、粗格栅前后闸门手动实际操作。
④液位差计、液位计、流量计位置认知，显示数据读取，异常数据辨识。
⑤综合保护器、变频器、接触器、PLC单元异常报警显示位置、方式认知。
⑥中控报警处理流程、异常情况上报流程模拟演练。

1.3 排砂设备

1.3.1 简介

1.3.1.1 类别、工作原理及结构

污水在迁移、流动和汇集过程中不可避免会混入泥砂。污水中的泥砂如果不预先沉

降分离去除，会影响后续处理设备的运行，尤其是磨损机泵、堵塞管网，干扰甚至破坏生化处理工艺过程。沉砂池主要用于去除污水中粒径大于 0.2 mm、密度大于 2.65 t/m^3 的砂粒，以保护管道、阀门等设施免受磨损和阻塞。其工作原理是以重力分离为基础，通过控制沉砂池的进水流速，使得密度大的无机颗粒下沉，而有机悬浮颗粒能够随水流带走。沉砂池主要有平流沉砂池、旋流沉砂池、曝气沉砂池等。

（1）平流沉砂池

平流沉砂池是污水处理工艺中物理沉砂池的一种，构造简单，处理效果较好，工作稳定，但沉砂中夹杂一些有机物，易于腐化发臭。平流沉砂池如图 1-18 所示。

图 1-18　平流沉砂池

1）结构特点

平流沉砂池及设备主要由平流沉砂池体、排砂阀门和砂水分离器组成。平流沉砂池由入流渠、出流渠、闸板、水流部分、沉砂斗以及排砂设备组成，从排砂方式上可分为重力排砂和机械排砂。重力排砂的优点是排砂含水率低，排砂量容易计算，缺点是沉砂池需要高架或挖小车通道。机械排砂自动化程度高，排砂含水率低，工作条件好，机械排砂又分为链板刮砂、抓斗排砂等。大、中型污水处理厂多采用机械排砂法。

2）工作原理

平流沉砂池实际上是一个比入流渠道和出流渠道宽而深的渠道，平面为长方形，横断面多为矩形。当污水流过时，由于过水断面增大，水流速度下降，污水中夹带的无机颗粒在重力的作用下下沉，从而达到分离的目的。

（2）旋流沉砂池

旋流沉砂池的工作原理是利用机械力控制水流流态与流速、加速砂粒沉淀，从而去除污水中相对密度较大的无机悬浮物，使无机砂粒与有机物分离开。旋流沉砂池有多种池型，目前应用较广的是钟式沉砂池，其实物如图 1-19 所示。

图 1-19　旋流（钟式）沉砂池

1）结构特点

旋流沉砂池主要由沉砂部分、砂斗、转盘与叶片、砂提升管、压缩空气输送管、排砂管、传动齿轮、带变速箱的电动机组成。旋流沉砂池结构如图 1-20 所示。

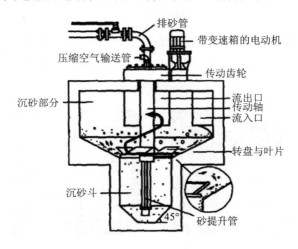

图 1-20　旋流沉砂池结构

2）工作原理

旋流沉砂池水砂流线如图 1-21 所示，污水从切线方向进入，进水渠道末端设有一跌水堰，使可能沉积在渠道底部的砂粒向下滑入沉砂池。池内设有可调速桨板，使池内水流保持螺旋形环流，较重的砂粒在靠近池心的一个环形孔口处落入底部的沉砂斗，水和较轻的有机物被引向出水渠，从而达到除砂的目的。

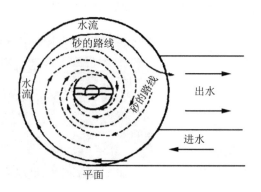

图 1-21 旋流沉砂池水砂流线

（3）曝气沉砂池

曝气沉砂池是沿渠壁一侧的整个长度方向安设曝气装置，在其下部设集砂斗，用于收集砂粒。由于曝气作用，废水中的有机颗粒经常处于悬浮状态，砂粒互相摩擦并承受曝气的剪切力，砂粒上附着的有机污染物能够被去除，有利于获得较为纯净的砂粒。在旋流的离心力作用下，密度较大的砂粒被甩向外部沉入集砂斗，而密度较小的有机物则随水流向前流动被带到下一处理单元。另外，在水中曝气可脱臭，改善水质，有利于后续处理，还可起到预曝气作用。曝气沉砂池如图 1-22 所示。

图 1-22 曝气沉砂池

1）结构特点

曝气沉砂池的平面形状为长方形，横断面多为梯形或矩形，池底设有集砂斗或集砂槽，一侧设有曝气管。在沉砂池进行曝气的作用是使颗粒之间产生摩擦，将包裹在颗粒表面的有机物摩擦去除，产生洁净的沉砂，同时提高颗粒的去除效率。曝气沉砂池配有曝气风机，曝气与吸砂相互独立。曝气沉砂池沉砂的排除一般采用提砂设备或抓砂设备。提砂设备主要采用气提和泵吸两种方式进行池底的积砂提取，桁车式吸砂机还可随着行车来回运行进行提砂。曝气沉砂池工艺如图 1-23 所示。

第 1 章　城镇污水处理厂预处理单元设备 | 25

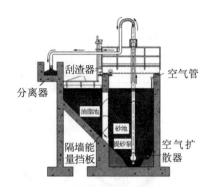

图 1-23　曝气沉砂池工艺

2）工作原理

污水在池中存在两种运动方式，一是污水进入曝气沉砂池的水平流动，二是由于在池的一侧有曝气作用，在池的横断面上会产生旋转运动，从而在整个池内产生螺旋状前进的流动形式。旋转速度在过水断面的中心处最小，而在池的周边最大。由于曝气以及水流的螺旋旋转作用，污水中的悬浮颗粒相互碰撞、摩擦，并受到气泡上升时的冲刷作用，使附着在砂粒上的有机污染物得以去除，沉于池底的砂粒较为纯净。

1.3.1.2　排砂方式

沉砂的排出方式有三种，一是采用砂泵抽升（泵吸排砂），二是用空气提升器（气提排砂），三是在传动轴中插入砂泵，泵和电机设在沉砂池的顶部。泵吸排砂和气提排砂的工作原理分别如图 1-24 和图 1-25 所示。

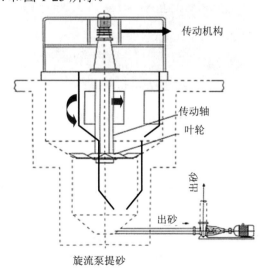

图 1-24　泵吸排砂工作原理（适用于旋流沉砂池）

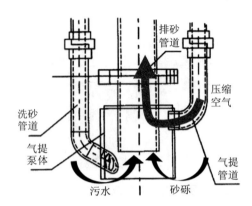

图 1-25　气提排砂工作原理（适用于旋流沉砂池和曝气沉砂池）

1.3.1.3　砂水分离器

砂水分离器的主要作用有两个：一是进一步完成砂水分离及有机污泥的分离，二是将分离的干砂装上运输车。砂水分离器如图 1-26 所示。

图 1-26　砂水分离器

（1）结构特点

砂水分离器主要由无轴螺旋、衬条、U 形槽、水箱、导流板、出水堰和驱动装置组成。

（2）工作原理

砂水混合液从进水管进入水箱，混合液中密度较大的颗粒（如砂粒）由于自重而下降沉积于螺旋槽底部，在螺旋的推动下沿斜置的 U 形槽底部提升，离开液面后，继续上移一段距离，砂粒中的水分逐渐从螺旋槽的间隙中流回至水箱，砂粒也逐渐干化在出料口处，依靠自重落入其他输送装置。上清液则不断地从排水管中流出，达到砂水分离的目的。

1.3.2 控制方式及运行监控

1.3.2.1 控制方式

排砂设备的控制方式分为手动控制和自动控制两种,手动控制方式又包括现场手动和远程手动两种。

(1) 现场手动方式

是指在现场通过就地控制箱上的开关按钮进行开/停操作的方式。

(2) 远程手动方式

是指在中控室计算机上通过操作界面进行开/停操作的方式。

(3) 自动控制方式

排砂系统根据设定的周期自动运行。

1.3.2.2 运行监控

中控室计算机连续监控排砂设备运行信号是否正常,机械和电机是否故障。

1.3.3 安全运行操作

①手动操作前应告知中控室值班人员,操作结束后应改回自动控制方式;现场手动操作前应检查电源电压是否正常。

②由于池体较深,作业时有跌落溺水的风险,巡检尽量采用双人巡检。

③设备启动运行时,严禁触摸设备的移动、旋转部分。

④冬季非正常运行(停机时间过长后提砂,开启砂泵提砂)情况下,提砂管路有可能出现堵塞冻结现象。为避免此类情况发生,要求在手动控制状态下将沉砂提取干净。

1.3.4 日常点检与一般维护

①对于旋流沉砂池每天至少进行一次现场点检,主要检查轴承是否有异响、轴承润滑是否良好、叶轮是否有异响或卡滞、减速机有无漏油现象以及电控柜有无报警提示或异味。

②对于曝气沉砂池应检查除砂桥行走是否正常、曝气是否均匀;对于气提排砂系统应检查罗茨风机运行和压力是否正常、能否正常提砂、砂水分离器的出砂量和进水排水是否正常。

③对于排砂系统为砂泵类的,要检查提砂泵工作是否正常、出砂量和进水排水是否正常。

④重力排砂时,应关闭进、出水闸门,对多个排砂管逐个打开排砂闸门,直到沉砂池内积砂全部排除干净;必要时可稍开启进水闸门,用污水冲洗池底残砂。应避免数天

或数周不排砂，否则将导致沉砂结团而堵塞排砂口的事故发生。排砂设备应连续运转，以免积砂过多造成超负荷运行而损坏。

⑤在停机的情况下，定期用标尺或者铁管探测池底砂量，以判断除砂效果。

⑥定期对进出水闸门、排砂闸门进行清洁保养并定期加油。

⑦定期对沉砂进行化验分析，测定含水率和灰分。

⑧沉砂池操作环境较差，气体腐蚀性较强，管道、设备和闸门等容易腐蚀和磨损，因此要加强检查和保养工作，如定期检查运动机械设备的加油情况并检查设备的紧固状态、温升、振动和声响等常规项目，定期用油漆防锈。

1.3.5 常见故障检查与处理

1.3.5.1 排砂设备故障检查与处理

（1）排砂系统电源灯不亮

现场查看控制柜内的电源开关是否跳闸，并告知维修人员进行检修。

（2）故障报警

现场查看故障灯是否点亮，并告知维修人员进行检修。

（3）自动控制方式下不能正常自动开/停

首先应改为现场手动控制方式启动操作，查看能否正常运行，如果运行正常，再改为自动控制方式，在中控室远程手动启动，查看能否正常运行，如果不能，则告知维修人员进行检修。

1.3.5.2 砂水分离器故障检查与排除

砂水分离器故障检查与排除如表1-8所示。

表1-8 砂水分离器故障检查与排除

故障现象	原因分析	判断方法及表现状况	故障排除方法
减速机异响	润滑油不足	声音异常	添加或更换润滑油
	油质劣化	声音异常	更换润滑油
	轴承损坏	声音异常	更换轴承
	齿轮磨损	声音异常	更换齿轮
砂水分离器振动	螺旋变形、断裂	大量垃圾堵塞、声音异常	清除垃圾、调校、维修螺旋
	耐磨衬垫磨损	电流波动大，电机声音异常，磨损超过总厚的1/3	更换耐磨衬垫
	有异物卡滞	声音异常	清出异物

1.3.6 经济运行

沉砂池的设计流速应控制到只能分离去除相对密度较大的无机和有机颗粒，一般以去除直径为 0.2 mm 以上的细砂为基准，实际运行时应根据进水含砂量控制排砂装置及砂水分离器的运行频率和周期，尽量控制在合理范围内，既不能让沉砂流到后段工序，也不能因频繁启动而造成水量及能耗增加。

1.3.7 完好标准

①就地操作正常，运转平稳，排砂正常。
②无漏油、无异响。
③远程操作和按设定周期自动排砂功能正常。
④运行/停止状态指示和故障报警功能正常。
⑤砂水分离器与排砂系统联动功能正常。
⑥设备外观和控制箱整洁，箱体接地线无变色或断开，无严重锈蚀，接线规范整齐，无灰尘、蜘蛛网，无杂物，柜门闭锁正常，现场有电气控制图纸。
⑦设备标识、安全警示标志和安全防护措施齐全、完好无损。

1.3.8 技能要点与现场实训

1.3.8.1 现场操作实训

①各控制按钮认知；电流、电压等显示仪表辨识；手动开/停、手动/自动控制切换、应急按钮等操作。
②现场各阀门开度正确位置及完好状态辨识，电磁阀状态的辨识。
③旋流方向的辨识。
④现场学习安全注意事项和应急情况处理操作。
⑤中控远程控制、砂水分离器及气提时间控制程序联动调整认知及实际操作。
⑥运行关键参数（运行及控制时间、电流等）数据认知及操作。

1.3.8.2 日常点检实训

①现场认知控制箱运行指示灯、控制按钮、电流表、电压表的位置、正常值等数据。
②手动开/停、手动/自动控制切换、应急按钮等操作。
③现场各阀门正确位置辨识，手动/自动控制阀门操作，检测气提装置电磁阀的工作状态。

④用标尺或者铁管探测池底砂量。

⑤编辑及完善点检表（表1-9）。

表1-9　除砂装置日常点检

巡检项目	点检标准	方法/工具	点检周期	安全注意事项	异常情况	异常处理措施

1.3.8.3　常见故障处理实训

①电磁阀故障判断、检查及处置。

②砂水分离器不出砂的故障判断及处置。

③除砂机行走限位装置的故障判断、检查及处置。

第 2 章 城镇污水处理厂生化处理单元设备

2.1 生化处理主要工艺类型

城镇污水处理厂常见的生化处理工艺有：厌氧—缺氧—好氧（AAO）工艺及其变形工艺、序批式活性污泥法（SBR）工艺及其变形工艺、氧化沟工艺及其变形工艺、生物滤池工艺及其变形工艺等。

2.1.1 AAO 工艺及其变形工艺

AAO 工艺具有同时脱氮除磷的功能，在大中型城镇污水处理厂普遍使用。典型 AAO 工艺流程如图 2-1 所示。

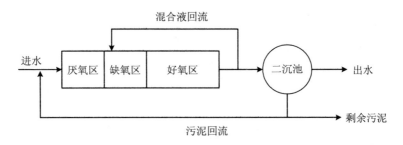

图 2-1 典型 AAO 工艺流程

该工艺的生化池分为三个区：厌氧区、缺氧区和好氧区，与二沉池一起构成生化处理系统。二沉池污泥回流到厌氧区前端，一方面增加生化系统的微生物量，另一方面，回流污泥中的聚磷菌释放磷，为聚磷菌在好氧区大量吸收磷做准备。好氧区的混合液回流到缺氧区前端，反硝化细菌在缺氧的条件下，将亚硝酸盐氮和硝酸盐氮转化为氮气，完成脱氮的目的。在好氧区，聚磷菌过量吸收磷，然后通过二沉池排泥形式将系统的富磷污泥排出，有机物在好氧区内被分解，同时，硝化菌在好氧环境下发生硝化反应，将有机氮和氨氮转化为亚硝酸盐氮和硝酸盐氮。AAO 工艺虽然具有同时生物脱氮除磷的功能，但脱氮和除磷难以平衡，因此研发者对该工艺进行变形改良，增加了预脱硝区。

UCT（University of Cape Town，由开普敦大学研究开发而得名）工艺是对 AAO 工艺的改进，池体未变，仍然是三个反应区，但增加了一套混合液回流工序，将污泥的回流点位移至缺氧区前端。这样改进的好处是避免了污泥回流到厌氧区，减少了对聚磷菌释放磷的干扰。UCT 工艺流程如图 2-2 所示。

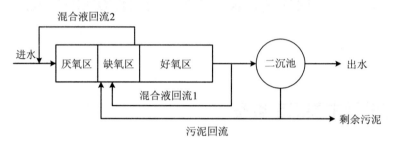

图 2-2　UCT 工艺流程

因为 UCT 工艺有两套混合液回流工序，会出现缺氧区的水力停留时间难以控制和好氧区流出的混合液中的溶解氧经缺氧区而干扰磷释放的问题。为了解决以上问题，研发者又开发了 MUCT（Modified University of Cape Town）工艺，其工艺流程如图 2-3 所示。

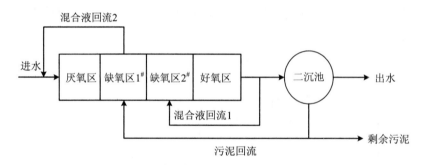

图 2-3　MUCT 工艺流程

也有污水处理厂采用倒置 AAO 工艺，倒置 AAO 工艺的缺氧区位于工艺系统首端，优先满足反硝化碳源需求，强化 AAO 处理系统的脱氮功能。此外，聚磷菌经厌氧释磷后直接进入好氧环境，可以更加充分地利用其在厌氧条件下形成的吸磷动力。但该工艺也存在消耗更多的碳源和增加缺氧池的停留时间等缺陷。其工艺流程如图 2-4 所示。

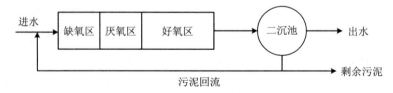

图 2-4　倒置 AAO 工艺流程

还有的采用约翰内斯堡工艺（Johannesburg 工艺，简称 JHB 工艺），其工艺流程如图 2-5 所示。

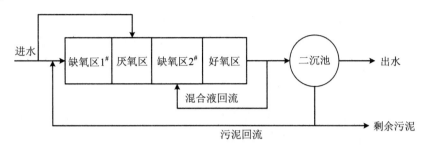

图 2-5　JHB 工艺流程

当然，还有其他一些改进工艺，如多级缺氧好氧活性污泥工艺（MAO）、VIP 工艺、Bardenpho 工艺、多点进水多级缺氧工艺等，在此不一一赘述，可参考相关资料。

综观上述处理工艺，基本上是由生化池和二沉池构成一个生化处理系统，该生化处理系统由以下部分组成：厌氧区和缺氧区及其搅拌装置、好氧区及曝气装置、二沉池及刮吸泥装置、污泥回流及剩余污泥外排装置、混合液回流装置等，AAO 工艺及其变形工艺生化处理单元主要设备如表 2-1 所示。

表 2-1　AAO 工艺及其变形工艺生化处理单元主要设备

工艺单元	处理构筑物	处理设备		
		型式	类别	名称
生化处理	生化池	鼓风曝气	曝气鼓风机	罗茨式曝气鼓风机、离心式曝气鼓风机
			盘式曝气器	刚玉盘式曝气器、橡胶微孔盘式曝气器、微孔陶瓷曝气器、动力扩散旋混曝气器
			管式曝气器	橡胶膜管式曝气器、刚玉管式微孔曝气器
			球形曝气器	刚玉球形曝气器
			其他形式曝气器	可提管式曝气器、悬挂链式曝气器、管式盘式一体曝气器
		水下曝气	潜水曝气机	潜水离心式曝气机、深水曝气机、深水曝气搅拌机
		表面曝气	表面曝气机	倒伞形叶轮表面曝气机、高速表面曝气机、高强度表面曝气机
		水下推流搅拌	潜水搅拌	潜水搅拌机、潜水低速推流器
		混合液回流	混合液回流	离心泵、回流窗
污泥沉淀与回流	二沉池	刮吸泥	刮吸泥机	桁车式刮吸泥机、周边传动刮吸泥机、中心传动刮吸泥机
	污泥井	污泥回流	污泥回流	离心泵
		污泥外排	污泥外排	离心泵

2.1.2 SBR 工艺及其变形工艺

SBR 工艺是将生化池和二沉池合二为一，在一个池体内完成生化处理和沉淀的工艺类型。因此，在时间序列上，SBR 工艺单个池体运行是序批式的，一般情况下，单个池体运行周期分为五个时间段：进水、曝气、沉淀、排水、待机。在实际运行中可根据实际情况确定是否需要待机。SBR 工艺是由多池体同时交错运行，一般有 2、4、6 个池子同时运行，这样在空间上构成了接近连续运行的状态。限制曝气进水和非限制曝气进水 SBR 工艺运行方式分别如图 2-6 和图 2-7 所示。

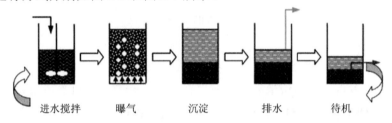

图 2-6　SBR 工艺运行方式——限制曝气进水

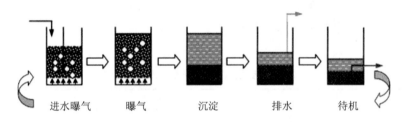

图 2-7　SBR 工艺运行方式——非限制曝气进水

SBR 工艺的变形工艺主要有：循环式活性污泥（CASS 或 CAST）工艺、连续和间歇曝气（DAT-IAT）工艺、交替式内循环活性污泥（AICS）工艺、一体化活性污泥（UNITANK）工艺、改良型序批式反应器（MSBR）工艺等。

CASS 工艺是在普通 SBR 工艺前端增加了一个池体——生物选择区，其工艺流程如图 2-8 所示。

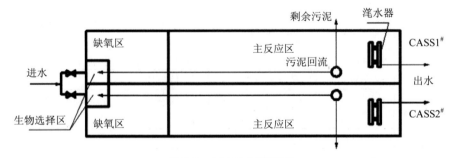

图 2-8　CASS 工艺流程

两区 CASS 工艺脱氮除磷运行方式如图 2-9 所示。

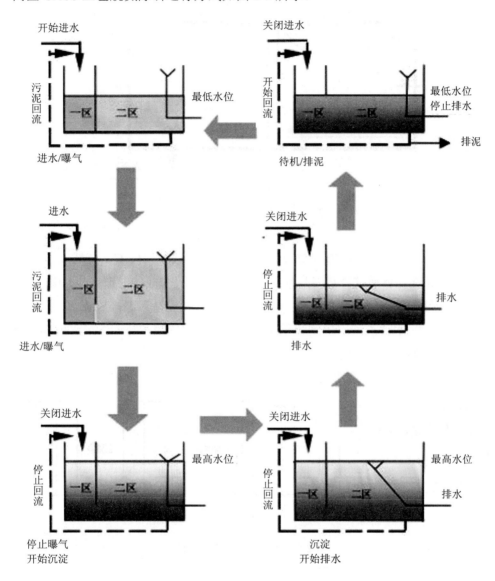

图 2-9　两区 CASS 工艺脱氮除磷运行方式

DAT-IAT 工艺由一个连续曝气池（Demand Aeration Tank，DAT）和一个间歇曝气池（Intermittent Aeration Tank，IAT）串联而成，由 DAT 连续进水、连续曝气、连续出水，出水经配水导流墙流入 IAT，然后在 IAT 完成曝气、沉淀、滗水并排出剩余活性污泥，其工艺流程如图 2-10 所示。

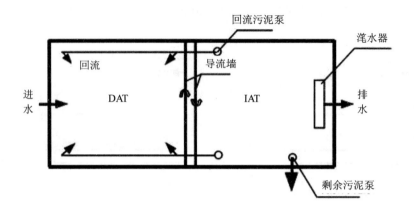

图 2-10 DAT-IAT 工艺流程

UNITANK 工艺最基本的形式是采取三个矩形池体（A、B、C）交替工作完成 SBR 的四个工序，相邻池体通过公共墙开洞或池底渠连通。三个池体中都安装有曝气装置，B 作为曝气反应池连续曝气，A 和 C 设有固定式出水堰及剩余污泥排放装置，交替作为曝气池和沉淀池；污水通过闸门控制和程序控制进入相应的池子，连续进水，周期交替运行，其工艺流程如图 2-11 所示。

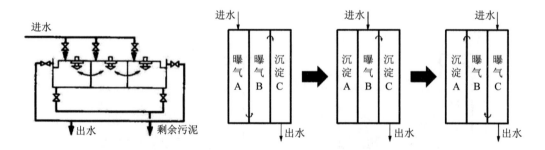

图 2-11 UNITANK 工艺流程

MSBR 工艺也是 SBR 工艺的一种改进工艺，其系统原理和工艺流程分别如图 2-12、图 2-13 所示。

SBR 工艺生化处理单元的主要设备与 AAO 工艺的设备基本相同，唯一不同的是其排水设备——滗水器。常见的滗水器有旋转滗水器、虹吸滗水器、柔性管式滗水器、伸缩管式滗水器等。

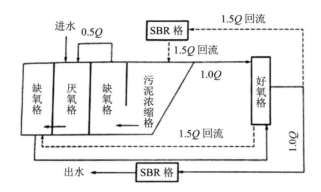

注：Q 指进水流量。

图 2-12　MSBR 系统原理

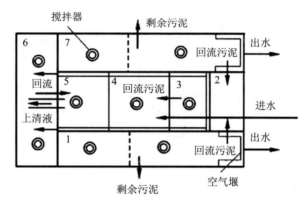

1、7. SBR 池；2. 污泥浓缩池；3、5. 缺氧区；4. 厌氧区；6. 好氧区。

图 2-13　MSBR 工艺流程

2.1.3　氧化沟工艺及其变形工艺

常见的氧化沟工艺有卡鲁塞尔氧化沟、奥贝尔氧化沟、三沟式氧化沟、一体化氧化沟、微孔曝气氧化沟等。氧化沟工艺生化处理单元特有的设备有转刷曝气机、转盘曝气机和竖轴表曝机，其他与 AAO 工艺的设备基本相同。

卡鲁塞尔氧化沟采用竖轴表曝机，每个沟渠安装 1 个或多个，加设导流墙；为了防止污泥下沉和使废水及污泥在水池中有效流动，设置推流器，池体分为好氧区和缺氧区，以满足脱氮要求；若设置厌氧段，则能同时脱氮除磷。其工艺流程如图 2-14 所示。

奥贝尔氧化沟有 3 个沟槽，第一沟槽完成有机物氧化、硝化和反硝化过程，第二沟槽和第三沟槽逐步提高溶解氧浓度，进一步去除有机物。沟中安装水平轴曝气转盘，用来充氧和泥水混合。其工艺流程如图 2-15 所示。

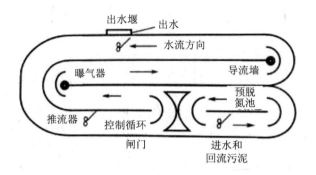

图 2-14　卡鲁塞尔氧化沟工艺流程

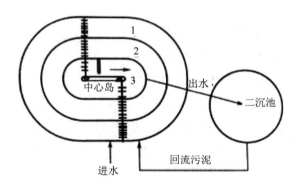

1. 第一沟；2. 第二沟；3. 第三沟。

图 2-15　奥贝尔氧化沟工艺流程

三沟式氧化沟属于交替工作式氧化沟，由厌氧池和 3 座并联的氧化沟（A、B、C）组成，3 个氧化沟之间相互连通，两侧氧化沟起曝气和沉淀作用，每个沟采用曝气转刷曝气。其工艺流程如图 2-16 所示。

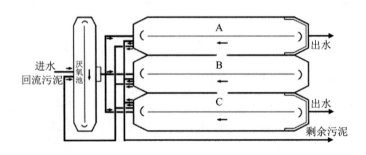

图 2-16　三沟式氧化沟工艺流程

一体化氧化沟是将二沉池和曝气池合建，在氧化沟内设置专门的固液分离装置，如船式分离器、渠式分离器、边墙分离器、边渠沉淀分离器等，其工艺流程如图 2-17 所示。

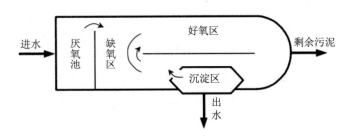

图 2-17 一体化氧化沟工艺流程

微孔曝气氧化沟在国内应用较为广泛，其采用鼓风机供气，微孔曝气和水下推流器结合，可将池内有效水深提至 6 m，强化了氧气的传质与利用，降低了能耗。其工艺流程如图 2-18 所示。

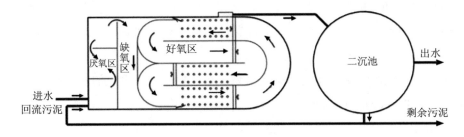

图 2-18 微孔曝气氧化沟工艺流程

2.1.4　生物滤池工艺及其变形工艺

2.1.4.1　类型及特点

生物滤池主要依靠污（废）水处理构筑物内填料的物理过滤作用以及填料上附着生长的生物膜的好氧氧化、缺氧反硝化等生物化学作用联合去除污（废）水中污染物的人工处理技术，常见的工艺包括低负荷生物滤池法、高负荷生物滤池法、塔式生物滤池法和曝气生物滤池法。

（1）低负荷生物滤池（low-rate biological filter/trickling filter）

滤料粒径较大、自然通风供氧且进水 BOD 容积负荷较低 [通常不大于 0.4 kg/(m^3·d)]，又称普通生物滤池或滴滤池。

(2) 高负荷生物滤池 (high-rate biological filter)

在低负荷生物滤池的基础上，通过限制进水 BOD 含量并采取处理出水回流等技术获得较高的滤速，将 BOD 容积负荷提高 6~8 倍，同时确保 BOD 去除率不发生显著下降。

(3) 塔式生物滤池 (biotower)

构筑物呈塔式，塔内分层布设轻质滤料（填料），在污（废）水由上往下喷淋的过程中与滤料上生物膜及自下向上流动的空气充分接触，使污（废）水获得净化。

(4) 曝气生物滤池 (biological aerated filter)

由接触氧化和过滤相结合，采用人工曝气、间歇性反冲洗等措施，主要完成有机污染物和悬浮物的去除。

2.1.4.2　常用术语

(1) 滤料 (filtering media)

生物滤池中微生物固着栖息、繁殖生长，并对污（废）水中的悬浮物具有物理截留过滤作用的载体。

(2) 滤料层 (filter bed)

在过滤过程中对水中污染物起到有效净化、过滤作用的材料层。

(3) 承托层 (filter supporting bed)

为防止滤料从配水系统中流失，在配水系统与滤料层之间设置的粒状材料层。

(4) 出水堰板 (effluent weir plate)

设置在滤池出水堰处防止滤料流失并且调节出水平衡的装置。

(5) 反冲洗时间 (backwash time)

滤料层反冲洗所经历的时间，单位为 min。

(6) 空床停留时间 (empty bed retention time)

污（废）水在生物滤池滤料层所占容积的水力停留时间，单位为 h。

(7) 反冲洗强度 (backwashing rate)

反冲洗水或反冲洗空气在单位时间内通过单位面积滤料层的流量，一般以 $L/(m^2 \cdot s)$ 为单位。

(8) 气水联合反冲洗 (combined water and air backwash)

为提高水反冲洗的效果，同时采用空气辅助冲洗的反冲洗方式。

2.1.4.3　工艺类型及其流程

(1) 单级碳氧化曝气生物滤池（以下简称碳氧化滤池）工艺

该工艺主要去除污水中含碳有机物，其工艺流程如图 2-19 所示。

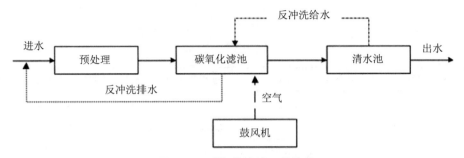

图 2-19 碳氧化滤池工艺流程

（2）碳氧化滤池+硝化滤池两级组合工艺

该工艺主要去除污水中含碳有机物并完成氨氮的硝化，其工艺流程如图 2-20 所示。

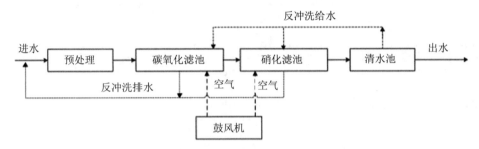

图 2-20 碳氧化滤池+硝化滤池两级组合工艺流程

（3）前置反硝化滤池+硝化滤池两级组合工艺

该工艺适用于进水碳源充足且出水水质对总氮去除要求较高情况，其工艺流程如图 2-21 所示。

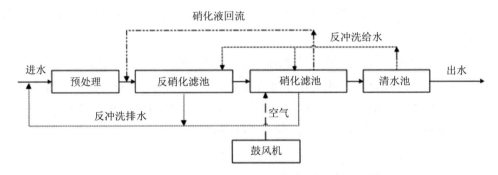

图 2-21 前置反硝化滤池+硝化滤池两级组合工艺流程

（4）碳氧化/硝化滤池与反硝化滤池两级组合工艺

该工艺有两种组合，即外加碳源后置和外加碳源前置，其工艺流程分别如图 2-22 和图 2-23 所示，适用于当进水总氮含量高、碳源不足而出水对总氮有要求的情况。

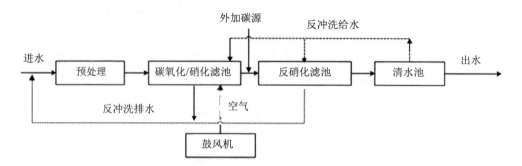

图 2-22　外加碳源后置的碳氧化/硝化滤池与反硝化滤池两级组合工艺流程

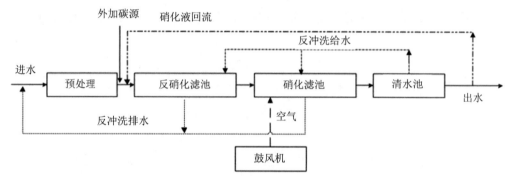

图 2-23　外加碳源前置的碳氧化/硝化滤池与反硝化滤池两级组合工艺流程

2.1.4.4　生物滤池反洗程序

①反冲洗水宜采用处理后的出水，反洗用水蓄水池应按照滤池单池反洗水量和反洗周期等综合确定。反冲洗周期与滤池负荷、过滤时间及滤池水头损失等相关，通常为 24~72 h。

②气水联合反冲洗的冲洗强度及冲洗时间与滤池负荷、过滤时间等有关。

③曝气生物滤池反冲洗排水应根据处理规模、单格滤池每次反冲洗水量等因素，合理设置反冲洗排水缓冲池，缓冲池有效容积不宜小于 1.5 倍的单格滤池反冲洗总水量。

④曝气生物滤池的反冲洗宜采用气水联合反冲洗。

2.2　潜水推流器及潜水搅拌器

2.2.1　类型及其工作原理、结构和性能

在生化池厌氧区和缺氧区，为保证污泥处于悬浮状态，强化污泥和水的充分混合，

须在池内增加泥水混合设备。一般采用潜水推流器和潜水搅拌器来完成泥水混合任务。

(1) 潜水推流器

潜水推流器是市政和工业污水处理工艺流程中的重要设备，在污水处理工艺流程中推进、搅拌含有悬浮物的污水、稀泥浆、工业过程液体等，防止污泥沉淀及产生死角，并在水处理工艺流程中实现生化过程中固液二相和固液气三相的均质的、流动的工艺要求。潜水推流器如图 2-24 所示。

图 2-24　潜水推流器

潜水推流器主要由潜水电机、密封机构、叶轮、导流罩、提升机构、电气控制等部分构成。经电机驱动旋转的叶轮，搅动液体产生旋向射流和轴向推流，形成的射流通过沿射流表面的剪切力来进行混合，使流场以外的液体通过摩擦产生搅拌作用；同时，形成的推流通过轴向推力将受控流体向前输送。在旋向射流和轴向推流的共同混合、搅拌和推流作用下形成体积流，应用大体积的流动模式获得必要的水体流速和需要的工艺流场。

低速推流器在不同池型安装位置也很关键，合理布置可避免出现死角。不同池型的潜水推流器布置如图 2-25 所示。

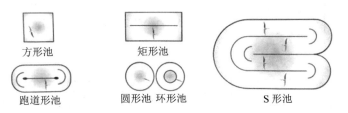

图 2-25　不同池型的潜水推流器布置

(2) 潜水搅拌器

潜水搅拌器主要用于泥水混合，通过搅拌，使泥水充分混合，避免悬浮物沉降。与潜水推流器不同，潜水搅拌器采取直联模式，没有减速箱，转速快，其叶片比潜水推流器的小。潜水搅拌器桨叶形式及安装如图 2-26 所示。

图 2-26　潜水搅拌器桨叶形式及安装

潜水搅拌器主要由潜水电机、密封机构、叶轮、提升机构、电气控制等部分构成。叶轮在电机驱动下旋转搅拌液体，使之产生旋向射流，并利用沿着射流表面的剪切应力进行混合，使流场以外的液体通过摩擦产生搅拌作用，在极度混合的同时形成体积流而输送受控流体。同样，潜水搅拌器的安装位置对搅拌效果影响很大，为了达到预期的搅拌效果，应合理确定搅拌器位置。潜水搅拌器安装位置如图 2-27 所示。

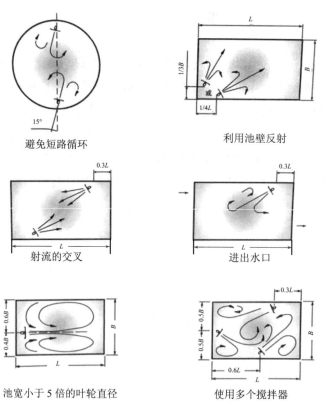

避免短路循环　　　　　　利用池壁反射

射流的交叉　　　　　　　进出水口

池宽小于 5 倍的叶轮直径　　使用多个搅拌器

图 2-27　潜水搅拌器安装位置

2.2.2 控制方式及运行监控

2.2.2.1 控制方式

控制方式有手动控制和自动控制两种方式,手动控制又包括现场手动控制和远程手动控制两种方式。电气控制箱如图 2-28 所示。

图 2-28 电气控制箱

(1) 现场手动方式

是指在现场通过电气控制箱上的开关按钮进行开/停操作的方式控制潜水搅拌器/潜水推流器的开/停。

(2) 远程手动方式

是指在中控室计算机上通过操作界面进行开/停操作的方式。

(3) 自动控制方式

是指根据进水流量自动开/停的方式,当进水流量为 0 时自动停止运行,进水流量大于 0 时则自动启动运行。

2.2.2.2 运行监控

①潜水推流器和潜水搅拌器控制箱自带有综合保护器,主要用于监测设备的轴承温度以及电机绝缘等。当温度超过设定或绝缘异常时,中控室计算机上将发出报警信息,须将故障消除后才能继续运行。

②中控室计算机连续监控潜水推流器和潜水搅拌器的电源是否正常、是否停止运行、

机械和电机是否故障以及自动控制方式下是否能够正常自动开/停，出现任何一种异常情况时将发出声光报警，提示运行人员进行处理。

2.2.3 安全运行操作

①现场手动操作前应告知中控室值班人员，操作结束后应改回自动控制方式。
②现场手动操作前应检查电源电压是否正常。
③确保控制屏上指示灯和综合保护器上没有报警。
④如发现潜水搅拌器、潜水推流器有异常振动或其他异常现象，应按下"急停"按钮，进行紧急停车。
⑤设备运行时，严禁操作吊架上的手摇绞盘；严禁用手直接触碰钢丝绳、吊链。
⑥维修或保养时需切断电源，并悬挂标识牌。未经维修人员同意，严禁运行人员打开控制柜操作送电开关。
⑦启动后，要注意观察水流及射流方向，并注意振动与异响，以及运行电流是否在正常范围内。
⑧设备出现异常情况，马上按下急停按钮，然后通知维修人员。

2.2.4 日常点检与一般维护

每天至少进行一次现场点检，主要检查潜水推流器和潜水搅拌器的运行状态是否正常，包括：电源指示灯、运行指示灯是否正常，故障灯有无亮起、有无异常响声，导杆有无异常振动，电缆及链条是否正常固定，电缆有无松脱磨损，观察潜水推流器和潜水搅拌器的水流和射流是否正常。

2.2.5 常见故障检查与处理

（1）设备停止运行或不能启动
现场检查电源指示灯是否正常，故障灯有无亮起，电源开关有无跳闸。如无电源或故障灯亮起，应通知维修人员进行检查。

（2）设备振动大
应停止运行并通知维修人员到场检查。

（3）电缆松脱
先停止运行，检查电缆有无磨损，重新进行固定后再启动运行。

（4）吊链断裂或脱落
检查设备运行状态是否异常，及时通知维修人员进行处理。

2.2.6 经济运行

(1) 间歇运行（可采用时序控制器）

对于安装有 2 台以上潜水推流器或潜水搅拌器的水池，在符合工艺要求的前提下，可以进行间歇运行模式启停设备，达到节能降耗的目的。

(2) 增加变频器调节频率（只适用于潜水搅拌器）

部分设备在设计时选型偏大，造成能耗浪费，重置设备费用较高，可以采取增加变频器降低频率运行的方式，在满足工艺运行的前提下，尽可能地降低频率，节能降耗。

2.2.7 完好标准

潜水搅拌器及潜水推流器完好状态工况条件及评价如表 2-2 所示。

①开/停机正常、振动和声音正常，远程操作和流量调节功能正常。

②电压处于 380 V±7%，三相电流相差不超过 5%，单位容积能耗原则建议宜小于 3 W/m³（一般情况下跑道形及方形 5 W/m³、长方形 8 W/m³），混合搅拌系统宜合理选型，降低能耗。

表 2-2 潜水搅拌器及潜水推流器完好状态工况条件及评价

完好状态必备的工况条件	评价方法及说明
运行正常、平稳，无异常声响和振动；运行电流正常	运行电流正常，三相电流低于额定电流，偏差 [($I_{最大}-I_{最小}$)×100%/$I_{平均}$] 不超过 10%；无异常振动及异响；搅拌或推流方面与水流方向一致
开/停操作控制正常	控制功能正常，各开/停按键响应灵敏；现场开/停设备，观察振动、运行方向等变化情况
保护功能灵敏、可靠	温度、过流、泄漏等控制的保护功能正常完好，过流保护设定值为额定值的 1.1 倍
导轨、吊链正常	导轨安装牢固，无变形；吊链无锈蚀，可正常吊装

③综合保护器无故障显示；运行/停止状态指示和故障报警功能正常。

④设备外观无锈蚀，吊链、导轨无锈蚀，电缆固定良好，无晃动和破损；体内壁和叶轮无破损。

⑤柜门闭锁正常；控制柜内接线端子无腐蚀变色；接线不杂乱、规范整齐、无断裂；柜体内温度、进风口滤网和散热风扇正常，无灰尘蜘蛛网，无杂物；现场有电气控制图纸。

⑥设备标识、安全警示标志和安全防护措施齐全、完好无损。

2.2.8 技能要点与现场实训

2.2.8.1 现场操作实训

①各控制开关及按钮认知；电流、电压、温度、泄漏等显示辨识；手动/自动操作切换及开/停、应急按钮等操作。
②搅拌方向调整。
③现场学习安全注意事项和应急情况处理操作。

2.2.8.2 日常点检实训

①现场认知运行指示灯、控制按钮、电流表、电压表的位置、正常值等数据。
②现场认知综合保护器和变频器正常、异常显示情况，接触器、开关正常位置。
③现场认知潜水搅拌器、潜水推流器正常运行时的声音、振动情况，各阀门正确位置。
④现场认知搅拌、推进的水流方向及射流范围。
⑤现场认知控制柜通风、排气、温/湿度正常状态及开关位置。
⑥中控室计算机上认知潜水搅拌器、潜水推流器操作按钮位置、颜色，异常情况显示方式等。
⑦编辑及完善点检表（表2-3）。

表 2-3 潜水推流器及潜水搅拌器日常点检

巡检项目	点检标准	方法/工具	点检周期	安全注意事项	异常情况	异常处理措施

2.2.8.3 常见故障处理实训

①电流、电压正常时，潜水搅拌器、潜水推流器手动控制重启的实际操作。
②手动控制开/停和切换运行的实际操作。
③综合保护器、变频器、接触器、PLC单元异常报警显示位置、方式认知。
④中控室报警处理流程，异常情况上报流程模拟演练。

2.3 曝气鼓风机

城镇污水处理厂所用鼓风机主要有两类：离心式曝气鼓风机（包括单级高速离心式曝气鼓风机、多级离心式曝气鼓风机、空气悬浮离心式曝气鼓风机、磁悬浮离心式曝气鼓风机等）和罗茨式曝气鼓风机。

2.3.1 简介

2.3.1.1 类型、原理及结构

（1）离心式曝气鼓风机

离心式曝气鼓风机是利用高速旋转的叶轮将空气加速吸入，然后减速，改变流向，使动能转换为势能（压力），加压后的气体经管道输送到各个终端。在离心式曝气鼓风机中，气体从轴向进入叶轮，气体流经叶轮时改变成径向，然后进入蜗壳。在蜗壳中，气体改变了流动方向并减速，这种减速作用将动能转换成压能。压力增高主要发生在叶轮中，其次发生在蜗壳中。

1）单级高速离心式曝气鼓风机

单级高速离心式曝气鼓风机一般适用于大中型污水处理厂。其优点是运行效率高，能够实现自动运行；缺点是投资大，噪声大，控制和润滑系统复杂，维护保养难度大。

单级高速离心式曝气鼓风机叶轮通过电机带动，并在增速齿轮箱的变速后，高速旋转；在叶轮的入口和出口产生压力差，入口空气通过蜗壳流道被加速增压，形成压缩气体经扩散器进入管路系统。主要包括驱动器、就地控制柜、齿轮箱、机座、线性驱动器、入口消音器、入口过滤器等结构。单级高速离心式曝气鼓风机主要结构和主要组件分别如图 2-29、图 2-30 所示。

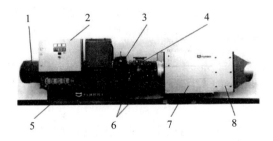

1. 驱动器；2. 就地控制柜；3. 齿轮箱；4. 鼓风机；5. 机座；6. 线性驱动器；7. 入口消音器；8. 入口过滤器。

图 2-29　单级高速离心式曝气鼓风机主要结构

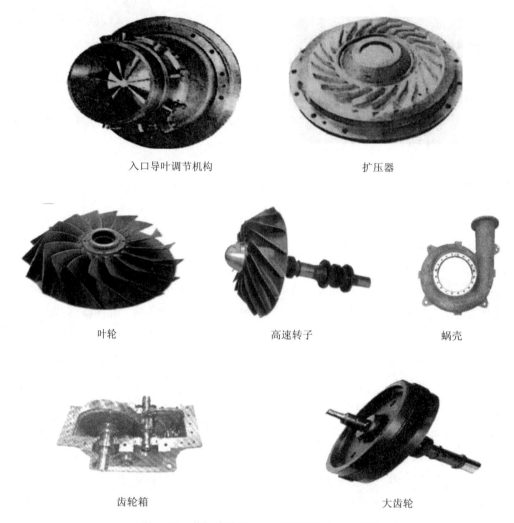

图 2-30 单级高速离心式曝气鼓风机主要组件

2）空气悬浮离心式曝气鼓风机

空气悬浮离心式曝气鼓风机是对单级高速离心式曝气鼓风机的改进，不需要齿轮箱增速器及联轴器，一般适用于中小型污水处理厂。其优点是运行效率高、能耗低，运行过程中噪声小、振动低，不需要润滑系统，磨损小，运行可靠；操作简单，易于维护；缺点是投资成本高，结构复杂，对工况要求高，变频范围较窄，不适用于频繁开/停的场合，故障后维修费用高。

空气悬浮离心式曝气鼓风机由高速电机直接驱动，而电机采用变频器来调速。鼓风机叶轮直接与电机结合，轴承被悬浮于主动式空气轴承控制器上，此过程没有物理接触，无需润滑系统。空气悬浮离心式曝气鼓风机如图 2-31 所示。

图 2-31　空气悬浮离心式曝气鼓风机

以韩国空气悬浮离心式曝气鼓风机为例，其结构主要由马达、变频器、控制面板等组成。马达由高速电机、叶轮和空气悬浮轴承等组成。放空阀安装在排气管旁，提供一个可选的放空消音器，其结构如图 2-32 所示。

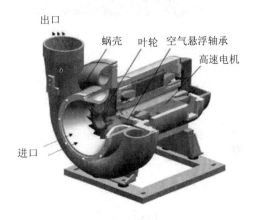

图 2-32　韩国空气悬浮离心式曝气鼓风机结构

3）磁悬浮离心式曝气鼓风机

磁悬浮离心式曝气鼓风机是在传统离心式曝气鼓风机基础上，应用了主动式磁悬浮轴承技术及高速永磁电机技术，并进行一体化设计的新型高效节能风机。主动式磁悬浮轴承系统是磁悬浮鼓风机的核心部件，电机转子固定于两个径向磁轴承与两个轴向磁轴承之间，转子的位子由位置传感器进行检测，将位置信号实时反映给磁轴承控制器，当转子偏移时，控制器会根据转子的偏移量调节磁轴承各自由度的磁场力，让转子回到正确位置。由于高速永磁同步电机与叶轮直接连接，没有联轴器和轴承摩擦损失，无需润滑系统，彻底消除了传动损失，噪声也大幅降低。

磁悬浮离心式曝气鼓风机主要做功单元为压缩单元（叶轮、蜗壳）和电机，半开式三维形状叶轮和冷却风扇垂直或水平安装在电机轴上。工作时，变频器将高频电信号传至电机定子中，磁性轴承通过辅助电源供电，产生的高频电磁场使电机转子悬浮并高速旋转，同时带动叶轮和冷却风扇做功。磁悬浮离心式曝气鼓风机一般适用于大中型污水处理厂。其优点是运行效率高、能耗低，无需润滑、冷却系统，轴承磨损低、噪声小，操作简单，易于维护；缺点是投资成本高，维修费用高。磁悬浮离心式曝气鼓风机如图2-33所示。

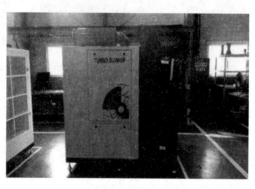

图 2-33　磁悬浮离心式曝气鼓风机

磁悬浮离心式曝气鼓风机主要部件有压缩单元、高速电机、变频器、磁性轴承、放空阀、本地控制、安全监控系统和隔声罩等。磁悬浮离心式曝气鼓风机主要结构和主要组件分别如图2-34、图2-35所示。

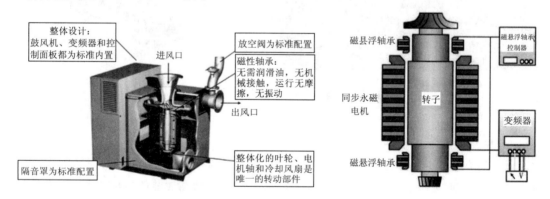

图 2-34　磁悬浮离心式曝气鼓风机结构

高速离心叶轮　　　　　　　　　蜗壳　　　　　　　　自由度磁悬浮轴承

图 2-35　磁悬浮离心式曝气鼓风机主要组件

(2) 罗茨式曝气鼓风机

罗茨式曝气鼓风机一般适用于中小型污水处理厂。其优点是结构简单、投资小，压头高，流量受阻力影响小，变频调节风量方便，运行可靠性高，维护维修费用低；缺点是效率低，噪声大。

罗茨式曝气鼓风机属容积回转鼓风机，利用两个叶形转子在气缸内做相对运动来压缩和输送气体的回转压缩机。这种压缩机靠转子轴端的同步齿轮使两转子保持啮合，转子上每一凹入的曲面部分与气缸内壁组成工作容积，在转子回转过程中从吸气口带入气体，当移到排气口附近与排气口相连通的瞬时，因有较高压力的气体回流，工作容积中的压力突然升高，然后将气体输送到排气通道。罗茨式曝气鼓风机如图 2-36 所示。

图 2-36　罗茨式曝气鼓风机

罗茨式曝气鼓风机机组主要由罗茨风机、机架座、窄 V 带及带轮、驱动电机、空气过滤器、进出口消音器、逆止阀、挠性接头、压力表、安全阀、减振器及隔音房等组成。罗茨式曝气鼓风机空气转换流程和部分部件如图 2-37 和图 2-38 所示。

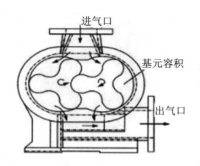

图 2-37 罗茨式曝气鼓风机空气转换流程

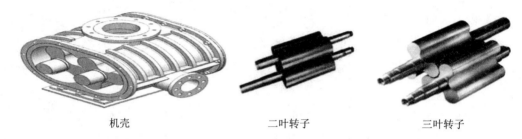

图 2-38 罗茨式曝气鼓风机部分部件

2.3.1.2 各类鼓风机性能对比

各类鼓风机性能对比如表 2-4 所示。

表 2-4 各类鼓风机性能对比

	罗茨式曝气鼓风机	单级高速离心式曝气鼓风机	空气悬浮离心式曝气鼓风机	磁悬浮离心式曝气鼓风机
轴承	滚珠轴承	可倾瓦轴承	铂片轴承	磁轴承
轴承能耗	2%	3%	低速干摩擦时能耗大	电磁感应，能耗低
叶轮形式	二叶或三叶	铝合金三元流	铝合金三元流	铝合金或钛合金三元流
电动机类型	低速异步电机	异步交流电机	高速永磁电机	高速永磁电机
传动形式	皮带或联轴器	联轴器	直连	直连
电机效率	86%	94%	95%	97%
冷却	风冷	风冷	小功率风冷，大功率水冷	水冷/风冷
安装及施工要求	需固定于地面并隔音	需固定于地面并隔音	无需固定及隔音措施	无需固定及隔音措施
风量调节	可调，需加变频	50%~100%	65%~100%	30%~100%
噪声等级	100 dB 以上	90~100 dB	75~85 dB	75~85 dB

	罗茨式曝气鼓风机	单级高速离心式曝气鼓风机	空气悬浮离心式曝气鼓风机	磁悬浮离心式曝气鼓风机
振动	大	中小	非常小	非常小
润滑	需润滑	需要复杂的润滑系统	无需润滑	无需润滑
维护	定期维护	需专人定期维护	定期更换空气过滤器	定期更换空气过滤器
尺寸	体积较大	体积较大	体积小	体积小
易损件	轴承、齿轮	轴承、齿轮、润滑油泵	轴承、过滤网	过滤网
运行费用	高	中	低	最低
投资费用	最低	高	高	高
整机效率	低	较低	较高	高
售后维保	维保周期短，费用低	维保周期长，费用高	维保周期长，费用高	维保周期短，费用低

2.3.2 控制方式及运行监控

2.3.2.1 控制方式

控制方式主要有手动控制和自动控制两种方式，手动控制又包括现场手动控制和远程手动控制两种方式。

（1）现场手动控制方式

现场手动控制方式是指在现场通过就地控制箱或触摸屏上的开关按钮进行开/停操作的方式控制鼓风机的启停和调节风量。

（2）远程手动控制方式

远程手动控制方式是指在中控室计算机上通过操作界面进行开/停和调节风量的操作方式。

（3）自动控制方式

自动控制方式是指根据进水水质、生化池溶解氧和出水氨氮等数据自动调节风量的方式。

各类鼓风机控制面板如图 2-39 所示。

单级高速离心式曝气鼓风机控制面板

罗茨式曝气鼓风机控制箱面板

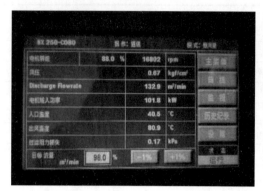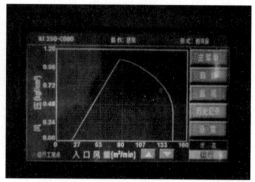

空气悬浮离心式曝气鼓风机控制面板

图 2-39　曝气鼓风机控制面板

2.3.2.2　运行监控

中控室计算机连续监控风机电压、电流、转速、频率、温度、风管压力、空气流量、振动等信号并设定报警值，数据超出正常范围时将发出报警信息，喘振、温度高、电流大时将自动停机并发出报警信息。

2.3.3　安全运行操作

2.3.3.1　单级高速离心式曝气鼓风机

①开机前应全面检查确认机组的电路、气路、油路和安全控制系统处于正常待机状态，检查各连接件螺丝是否紧固、有无松动，有无报警或急停开关动作，必须保证电源稳定在 380V±7%。

②检查管道是否通畅、管道上相应的阀门开启或关闭的位置是否正常，启动时确定放空阀打开，正常运行后放空阀正常关闭。

③检查风机进风口及周围环境是否干净，应无灰尘及障碍物等。

④检查油箱润滑油位是否正常。

⑤操作前，穿戴安全帽和耳塞并确定安全站位。

⑥启动前出口导叶和入口导叶在最小位置，风机启动后按调节按钮，能正常逐步调整导叶开度。

⑦风机运行后，风管及风机蜗壳温度高，不可碰触。

⑧风机运行后，需对电路、气路、油路进行检查，确认无接触不良、无喘振等现象，且油温正常、冷却系统正常。

2.3.3.2 空气（磁）悬浮离心式曝气鼓风机

①运行操作作业前，要检查并确定放空及各管道闸阀门、参数设定值、设定运行模式和告警数据限值是否处于正常状态，确认无"告警"现象，过滤器无堵塞、无凝露、无喘振等运行安全隐患。必须保证电源稳定在380V±7%。

②操作前，穿戴安全帽和耳塞并确定安全站位。

③风压运转点选择≥10%预测负荷压力。运行启动后，要更改开度等SV值时，不要连续调整，应待风机风量运行稳定后再执行下一步调整。

④机组不要频繁启动，同一机组两次启动时间最小间隔15 min。

⑤严禁曝气池水位≤0.3 m超低水位或未调整风机设定值时启动风机。

⑥风机有故障或者异常情况下严禁启动风机。

2.3.3.3 罗茨式曝气鼓风机

①启动前检查各处螺栓连接是否完好，有无松脱现象；检查皮带张力和皮带轮偏正；盘动风机皮带，检查是否有卡滞现象。润滑油量是否足够；油面静止于油标中心位置至中心以上2 mm之间。

②检查风机出口手动、电动阀门，确认打开；管道上的闸阀必须全部打开，否则风机超负荷运转，机器受损。

③确认供配电系统是否完好，就地或远程启动风机，确定风机是否正常运行、有无异响；检查电流、温度、压力、油温是否正常、准确，若有异常情况应立即按停止按钮。

④检查消音房内的排风扇是否正常运转，房内温度、负压差是否正常。

⑤操作完毕后，检查、确认设备完好后，方可离开现场。

⑥新安装或大修后的风机应经空负荷试运转，即空负荷运行30 min左右，情况正常时才可转入带负荷运转。

⑦风机正常工作中，严禁完全关闭进、排气口阀门，经常检视进气管路系统的进气状态，严防堵塞，入口过滤器应定期清洗。

2.3.4 日常点检与一般维护

2.3.4.1 单级高速离心式曝气鼓风机

①每天至少进行一次现场点检，主要检查油路是否漏油，油压是否正常，油位及油温是否正常，风管接头是否漏气，声音及振动是否正常，电流电压是否正常，离心风机触摸屏是否有故障提示，进风过滤棉前后压差是否正常，风机散热过滤网是否积尘、风

管压力表和空气流量计显示是否正常、进风廊道是否整洁和密闭,风机室内是否整洁、环境温度是否正常等。

②定期清洗或更换进风管过滤棉以及冷气机过滤网,用吸尘器清除进风廊道和风机室内灰尘。

③环境温度较高时应启用进风廊道和风机房冷气机。

④定期更换润滑油。

单级高速离心式曝气鼓风机点检如表2-5所示。

表2-5 单级高速离心式曝气鼓风机点检

点检内容	点检方法	安全保障措施
是否有异常声响、振动、异味	看、听、闻	1. 巡视时应与鼓风机保持一定的距离,不穿宽松的衣服。 2. 装在鼓风机上的热表面警告标记,温度通常在70℃以上,防止触摸烫伤。 3. 在压缩机房或消音罩的入口处装有提示使用耳罩的警告标记的,巡视时应按要求使用耳罩。 4. 压力开关、温度开关设定值禁止随意调整。 5. 发现喘振预兆应立即停机检查
有无报警指示	查看控制箱报警灯	
运行电流三相平衡,误差不超过±5%,且范围不超过额定电流	查看控制箱显示屏和馈电柜电流表指示	
润滑油温(45~55℃),不高于70℃	查看油温表	
润滑油压(4~6 bar①),不高于9 bar,不低于1 bar	查看压力表	
进风U形压力计压差值是否在正常范围(1~4 mbar)	检查U形压力计压差值	
鼓风机风量及风量调节是否正常;出口风压是否在正常范围内	查看空气流量计读数;检查导叶调整机构。	
检查风机运行环境,室内环境温度不得超过40℃	检查进风廊道及空气过滤器滤棉干净状况	

2.3.4.2 空气(磁)悬浮离心式曝气鼓风机

①每天至少进行一次现场点检,主要检查油路是否漏油,油压是否正常,油位及油温是否正常,风管接头是否漏气,声音及振动是否正常,电流电压是否正常,风机触摸屏是否有故障提示,进风过滤棉前后压差是否正常,风机散热过滤网是否积尘、风管压力表和空气流量计显示是否正常、进风廊道是否整洁和密闭,风机室内是否整洁、环境温度是否正常等,运行曲线点是否控制在对应风量、风压的范围内,不得在喘振区、低效区范围内工作。

②定期清洗或更换进风过滤棉以及冷气机过滤网,用吸尘器清除进风廊道和风机房室内灰尘。

---

① 1 bar=0.1 MPa。

③环境温度较高时应启用进风廊道和风机房冷气机。

空气（磁）悬浮离心式曝气鼓风机点检如表 2-6 所示。

表 2-6　空气（磁）悬浮离心式曝气鼓风机点检

点检内容	点检方法	安全保障措施
鼓风机运行无异常声音、振动	检查螺栓是否松动，是否临近喘振	1．巡视时应与鼓风机保持一定的距离，不穿宽松的衣服。 2．装在鼓风机上的热表面警告标记，温度通常在 70℃ 以上，防止触摸烫伤。 3．在压缩机房或消音罩的入口处装有提示使用耳罩的警告标记的，巡视时应按要求使用耳罩。 4．压力开关、温度开关设定值禁止随意调整。 5．发现喘振预兆应立即停机检查。 6．电气检查时防止触电。 7．过滤棉积尘过多及时更换。 8．检查风机内部情况，必须关闭电源
查看机组运行有无报警状态	查看控制箱报警灯	
机组运行电流在允许范围之内（不超过额定电流），三相电流均衡，误差不超过±5%	比对操作界面显示电流值并与主控柜电流表指示值、电流表测量值	
检测电源电压	确保相间电压误差不大于 5%	
电机表面温度是否正常，特别是各轴承温度在报警设定值 70℃ 以下	用手或测温仪测试电机运行温度	
检查流量、出口压力是否正常	打开操作界面，查看是否正常	
查看反馈值与现场实际指示、显示值相符	打开操作界面，查看各项检测值是否正常，并与现场指示值进行比较	
检查电气设备及元件有无烧坏或连线接触不良、异响，是否正常	观察控制柜内各元件，是否有发热现象及烧焦气味	
检查电控系统所有指示性、保护性元件	检查控制柜元件完好性并做预防性试验	
检查设备自动运行	查看机组自动运行状态及上位机检测数据及运行状态是否正常	
检查空气过滤器滤棉状况	观察滤棉积尘情况	
检查风机内部的湿度控制状态	关闭电源，打开柜门	

2.3.4.3　罗茨式曝气鼓风机

①每天至少进行一次现场点检，主要检查油位是否正常（是否有跑、冒、滴、漏），皮带是否正常，出口压力是否正常，电气系统是否正常，声音及振动是否正常，电流电压是否正常，轴承是否有异响，根据检查结果进行相应的处理或者通知设备维修人员进行检修。

②定期清洗或更换进风过滤棉，用吸尘器清除风机房室内灰尘。

③定期更换润滑油。

罗茨式曝气鼓风机点检如表 2-7 所示。

表 2-7 罗茨式曝气鼓风机点检

点检内容	点检方法	安全保障措施
风机润滑油油位及泄漏情况	油位在观察窗中线至中线以上 2 mm	1. 必须执行安全规程，注意设备及人身安全。 2. 巡回检查时应随身携带必要的工具和用具，做好巡检记录
运行频率与电流	变频器读数	
风机出口压力与温度	现场仪表读数	
风机皮带是否磨损	现场检查有无皮带屑	
隔音罩风扇是否运行正常	现场检查	
风机振动、声音是否正常	现场检查	
电机轴承温度	用测温仪测量	
风机轴承温度	用测温仪测量	
风机皮带张力情况	现场检查	
各部螺栓紧固情况	现场检查	
空气过滤器堵塞情况	停机检查过滤器	
风机皮带轮、皮带磨损情况	停机检查	
压力表准确度	压力记录变化情况	
安全阀状况	检查安全阀是否漏气、调整封记有无变动	
检查电控系统是否正常	控制箱检查	
各部螺栓紧固情况	现场检查	

2.3.5 常见故障检查与处理

2.3.5.1 单级高速离心式曝气鼓风机

①故障停机时应到现场查看是否有故障代码，启动备用风机，报维修人员检查。

②中控室不能调节风量时应停机改为现场手动操作，检查现场能否调节风量，必要时启动备用风机，报维修人员检查。

③风机运行声音、振动异常时应停机，启动备用风机，报维修人员检查。

④风机温度、压力、流量、进风差压、油压异常以及漏油、管道漏气时应报维修人员检查。

2.3.5.2 空气（磁）悬浮离心式曝气鼓风机

①故障停机时应到现场查看是否有故障代码，启动备用风机，报维修人员检查。

②中控室不能调节风量时应停机改为现场手动操作，检查现场能否调节风量，必要时启动备用风机，报维修人员检查。

③风机运行声音、振动异常时应停机，启动备用风机，报维修人员检查。

④风机温度、压力、流量、进风差压异常以及管道漏气、进风过滤网积尘时应报维修人员检修。

2.3.5.3 罗茨式曝气鼓风机

①故障停机时应到现场启动备用风机，报维修人员检查。

②中控室不能调节风量时应停机改为现场手动操作，检查现场能否调节风量，必要时启动备用风机，报维修人员检查。

③风机运行声音、振动异常时应停机，启动备用风机，报维修人员检查。

④风机温度、压力、流量异常以及管道漏气时应报维修人员检修。

2.3.6 经济运行

2.3.6.1 单级高速离心式曝气鼓风机

①及时清洗或更换进风过滤棉，保持压差在 200 Pa 以下。

②定期更换润滑油。

③室内空气管道加装保温棉，风机散热风管排放口应在室外。

④在进风廊道和风机房加装水冷风机，降低环境温度。

2.3.6.2 空气（磁）悬浮离心式曝气鼓风机

①及时清洗或更换进风过滤棉，保持压差在 200 Pa 以下。

②室内空气管道加装保温棉，风机散热风管排放口应在室外。

③在进风廊道和风机房加装水冷风机，降低环境温度。

2.3.6.3 罗茨式曝气鼓风机

①及时清洗或更换进风过滤棉。

②定期更换润滑油。

2.3.7 完好标准

单级高速离心式曝气鼓风机、空气（磁）悬浮离心式曝气鼓风机、罗茨式曝气鼓风机完好状态条件及评价分别如表2-8～表2-10所示。

表 2-8　单级高速离心式曝气鼓风机完好状态条件及评价

完好状态必备的工况条件	评价方法及说明
运行正常、平稳，无异常声响和振动；运行数据正常	运行电流正常，三相电流偏差 $[(I_{最大}-I_{最小})\times 100\%/I_{平均}]$ 不超过 10%；无异常振动及异响，振动数据控制范围 1.8～2.8 mm/s；风机流量和效率达到相应曲线工况点的 90%以上
进风廊道整洁，过滤、润滑及冷却系统运行正常	过滤系统安装规范有效、干净整洁、无堵塞、无破损；有差压计且负压值低于 200Pa 或进风 U 形压力计压差为 1～4 mbar；润滑及冷却系统运行正常、无堵塞、无泄漏，油温正常（45～55℃）、油压正常（4～6 bar）
开/停操作及风量调节功能正常	触摸屏显示正常，控制功能正常，各开关按键响应灵敏；软启动器屏幕显示正常，操控正常；现场开/停风机和调节风量，观察开/停过程和风量变化情况
风机出口压力和空气流量计数据稳定、准确	压力仪表定期进行校验，压力变送器和机械式压力表的检测结果误差不超过 3%；空气流量计符合安装要求，流量波动范围不超过 10%，风机出风导叶开度加大时风量增加，相反则减小
按规定时间定期进行大修保养	按说明书规定时间更换润滑油和解体大修保养及保护功能测试（如果设备利用率低于 50%，此项可适当放宽）

表 2-9　空气（磁）悬浮离心式曝气鼓风机完好状态条件及评价

完好状态必备的工况条件	评价方法及说明
运行正常、平稳，无异常声响和振动；运行数据正常	运行电流正常，三相电流偏差 $[(I_{最大}-I_{最小})\times 100\%/I_{平均}]$ 不超过 10%；无异常振动及异响，振动数据控制范围 1.8～2.8 mm/s；风机流量和效率达到相应曲线工况点的 90%以上
进风廊道整洁，过滤、润滑及冷却系统运行正常	过滤系统安装规范有效、干净整洁、无堵塞、无破损；有差压计且负压值低于 200 Pa；风机冷却系统运行正常
开/停操作及风量调节功能正常	触摸屏显示正常，控制功能正常，各开关按键响应灵敏；变频器显示正常；现场开/停风机和调节风量，观察开/停过程和风量变化情况
风机出口压力和空气流量计数据稳定、准确	压力仪表定期进行校验，压力变送器和机械式压力表的检测结果误差不超过 3%；空气流量计符合安装要求，流量波动范围不超过 10%，风机运行频率加大时，风量增加，相反则减小
按规定时间定期进行大修保养	按说明书规定时间更换冷却液，对风机、变频器和控制器进行解体大修保养（如果设备利用率低于 50%，此项可适当放宽）

表 2-10　罗茨式曝气鼓风机完好状态条件及评价

完好状态必备的工况条件	评价方法及说明
运行正常、平稳，无异常声响和振动；运行数据正常	运行电流正常，三相电流偏差 $[(I_{最大}-I_{最小})\times 100\%/I_{平均}]$ 不超过 10%；无异常振动及异响，振动数据控制范围 2.8～4.6 mm/s，特殊情况（如设备本身质量存在缺陷、老化等）最大不超过 11.2 mm/s；风机流量和效率达到相应曲线工况点的 90%以上

完好状态必备的工况条件	评价方法及说明
过滤及润滑、通风冷却系统运行正常	过滤系统安装规范有效、干净整洁、无堵塞、无破损；有差压计且负压值低于200 Pa；润滑及冷却系统运行正常、无堵塞、无泄漏，油温正常（45~55℃）、油压正常（4~6 bar）；通风冷却系统运行正常
开/停操作及风量调节功能正常	操作功能正常，变频器操作面板显示正常，各开关按键响应灵敏；现场开/停风机和调节风量，观察开/停过程和风量变化情况
风机出口压力和空气流量计数据稳定、准确	压力仪表定期进行校验，压力变送器和机械式压力表的检测结果误差不超过3%；空气流量计符合安装要求，流量波动范围不超过10%，风机运行频率加大时，风量增加，相反则减小
按规定时间定期进行大修保养和测试	按说明书规定时间更换润滑油，对风机、变频器进行解体大修保养和保护功能测试（如果设备利用率低于50%，此项可适当放宽）

①现场/远程操作功能正常，开/停机正常，压力、功率、电流、振动和声音正常。

②罗茨式曝气鼓风机效率不低于50%，离心式曝气鼓风机效率不低于65%。

③温度、喘振等保护系统无故障显示；运行/停止状态指示和故障报警功能正常。

④风机外观无锈蚀，吊链、导轨无锈蚀，电缆固定良好，无晃动和破损；管道止回阀无破损且封堵严密，无冷凝水泄漏回流。

⑤柜门闭锁正常；控制柜内接线端子无腐蚀变色；接线不杂乱、规范整齐、无断裂；柜体内温度、进风口滤网和散热风扇正常，无灰尘蜘蛛网，无杂物；现场有电气控制图纸。

⑥设备标识、安全警示标志和安全防护措施齐全、完好无损。

⑦风机内部温、湿度控制正常，无冷凝水现象。

⑧运行曲线点控制在对应风量、风压的范围内，不得在喘振区、低效区范围内工作。正常曲线工况点如图2-40所示。

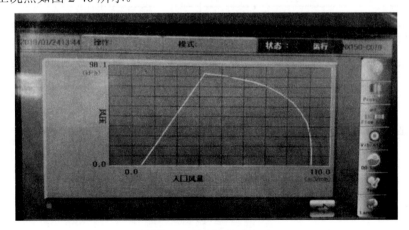

图2-40 正常曲线工况点

2.3.8 技能要点及现场实训

2.3.8.1 现场操作实训

①熟悉触摸屏显示状态，对启动、停止、故障复位等按钮认知，学习运行模式转换方法。

②正确掌握现场各阀门，并对开度的正确位置辨识。

③掌握启/停开关步骤，在现场手动模式下按启动或停止，可现场开/关机。

④现场学习安全注意事项和应急情况处理操作。

⑤运行关键参数（流量、电流、压力、温度等）数据、曲线查询、操作。

2.3.8.2 日常点检实训

①现场认知风机运行指示灯、控制按钮、电流表、电压表位置、正常值等数据。

②现场认知流量计、压力计等位置，读数、正常值等数据。

③现场认知温度等保护功能和变频器正常、异常显示情况，接触器、开关正常位置。

④现场认知风机正常运行时声音、振动情况，各阀门正确位置。

⑤现场认知放空、过滤、冷却等正常状态。

⑥中控电脑上认知风机操作按钮位置、颜色，异常情况显示方式等。

⑦编辑及完善点检表（表2-11）。

表2-11 曝气鼓风机日常点检

巡检项目	点检标准	方法/工具	点检周期	安全注意事项	异常情况	异常处理措施

2.3.8.3 常见故障处理实训

①预判风机喘振故障的提前处理。

②风量调节及运行模式处理。

③异常报警显示位置、方式处理。

④中控报警处理流程，异常情况上报流程模拟演练。

⑤罗茨式曝气鼓风机皮带松紧程度的预判方法。

2.4 曝气器

曝气器是整个鼓风曝气系统的关键部件，它的作用是将鼓风机供给的空气分散成尽可能小的空气泡，增大空气和混合液之间的接触界面，促使空气中的氧气溶解于水中。通常曝气器气泡越大，氧气的传递速率越低。优点是堵塞的可能性小，空气的净化要求低，维护管理方便。微孔曝气器氧气的传递速率高，反应时间短，曝气池的容积可以缩小。在实际应用中，要根据实际情况选择合适的曝气器。盘式曝气器如图2-41所示。

图 2-41　盘式曝气器

2.4.1 类型及特点

2.4.1.1 按空气扩散方式和形成气泡大小分类

曝气器按空气扩散方式和形成气泡大小可以分为：微气泡曝气器、中气泡曝气器、大气泡曝气器、水力剪切式曝气器、水力冲击式曝气器及水下曝气器等类型。

（1）微气泡曝气器

典型的是由微孔材料（陶瓷、氧化铝、钛粉等）制成的扩散板、扩散盘或扩散管。按照安装方式，可分为固定式微气泡（孔）曝气器和可提升式微气泡（孔）曝气器两类。常用的有固定式平板形微孔曝气器、固定式钟罩形微孔曝气器、膜片式微孔曝气器和摇臂式微孔曝气器等。所产生的气泡直径在 2 mm 以下，氧气利用率高（15%～25%），动力效率高 [$\geqslant$2 kg O_2/（kW·h）]，其缺点是易堵塞、空气需经过滤净化、扩散阻力大等。

固定式平板形微孔曝气器主要包括：曝气板、布气底盘、通气（调节）螺栓、进气管、三通短管、伸缩节、橡胶密封圈或压盖以及连接池底的配件等。我国生产的平板形微孔曝气器主要有：直径 200 mm 钛板微孔曝气板、直径 200 mm 微孔陶板、青刚玉和绿刚玉为骨料烧结成的曝气板等。固定式平板形微孔曝气器实物及结构示例和基本参数如

图 2-42 和表 2-12 所示。

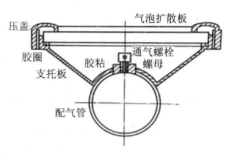

图 2-42　固定式平板形微孔曝气器实物及结构

表 2-12　固定式平板形微孔曝气器基本参数

平均孔径/μm	100~200	充氧能力/[kg/($m^3 \cdot h$)]	0.04~0.19
孔隙率/%	40~50	动力效率/[kg/(kW·h)]	4~6
服务面积/(m^2/个)	0.3~0.75	单盘通气阻力/kPa	1.47~3.92
氧利用率/%	20~25	曝气量/[m^3/(个·h)]	0.8~3

常用的微孔曝气器多采用刚性材料，如陶瓷、刚玉等制造，传氧速率较高，但存在进入曝气器的孔眼易被污物堵塞的缺点，膜片式微孔曝气器为克服该缺点而开发应用。橡胶膜片式微孔曝气器是市政污水处理中最常用的曝气器，其材质基本为 EPDM 膜，即三元乙丙橡胶。膜片被金属丝箍固定在底座上，在橡胶膜片上用激光打出同心圆布置的圆形孔眼。当通入压缩空气时，膜鼓起升高，膜上孔口张开并由此释放出细小气泡（直径 1 mm），当停止通气时，孔口关闭。膜罩以一定的预应力紧贴在底盘或布气管上，致使该曝气器能长年保持密封。膜片式微孔曝气器结构和基本参数如图 2-43 和表 2-13 所示。

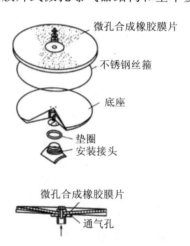

图 2-43　膜片式微孔曝气器结构

表2-13　膜片式微孔曝气器基本参数

曝气量/[m³/(个·h)]	3.42～34
服务面积/(m²/个)	1～3
动力效率/[kg/(kW·h)]	3.4
通气阻力/kPa	1.41～5.84
氧利用率/%	27～38

固定式微孔曝气器的缺点是堵塞时清理困难，为了克服该缺点，研发者开发了可提升式微孔曝气器，可将曝气器从水中提升出来进行清理，以保持较高的充氧效率。可提升式微孔曝气器由三部分组成，即微孔曝气管、活动摇臂和曝气器提升机。可提升式微孔曝气器实物及结构如图2-44所示。

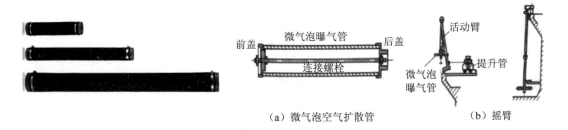

(a) 微气泡空气扩散管　　(b) 摇臂

图2-44　可提升式微孔曝气器实物及结构

（2）中气泡曝气器

常用穿孔管和莎纶管。穿孔管由ABS塑料管或UPVC管制成，管径介于25～50 mm，在管壁两侧向下相隔45°，留有两排直径2～3 mm的孔眼或缝隙，间距50～100 mm，空气由孔眼溢出，孔口速度为5～10 m/s。穿孔管曝气器结构简单，不易堵塞，阻力小，但氧利用率较低，只有4%～6%，动力效率也不高，约1 kg/(kW·h)。

（3）大气泡曝气器

常用竖管，气泡直径较大，但因其氧利用率极低，现已极少使用。

（4）水力剪切式曝气器

利用装置本身的构造特点产生水力剪切作用，在空气吹出装置之前，将大气泡切割成小气泡。主要有倒伞形扩散装置、固定螺旋式扩散装置和金山形空气扩散装置。

（5）水力冲击式曝气器

现行的水力冲击式曝气器主要有密集多喷嘴扩散装置和射流扩散装置。主要特点是氧利用率高且不易堵塞。

（6）水下空气扩散装置（又称水下曝气器）

该装置安装在曝气池底部的中央，由鼓风机送入的空气在叶轮的剪切及强烈的紊流作用下，被切割成微细的气泡，并按放射方向向水中分布。

2.4.1.2 按曝气方式和安装方式分类

按曝气方式和安装方式，曝气器采用的机械曝气机可分为表面曝气机和水下曝气机。

（1）表面曝气机

主要用于氧化沟工艺。常用设备有立轴式表面曝气机和水平轴式表面曝气机，其机械传动装置大致相同。

1）立轴式表面曝气机

主要在曝气叶轮的结构上有一定差别，常见的曝气叶轮有泵（E）形、倒伞形、K形、平板形等。立式叶轮曝气机结构如图2-45所示。

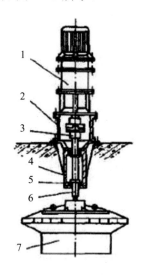

1. 减速机；2. 机座；3. 联轴器；4. 轴承座；5. 轴承；6. 传动轴；7. 叶轮。

图 2-45 立式叶轮曝气机结构

泵（E）形叶轮由平板、叶片、上压罩、下压罩、导流锥顶和进水口组成，如果泵（E）形叶轮表面曝气机叶轮带有调节机构，则可调节叶轮浸没水中的深度，从而提高或降低充氧量。也可通过调速来改变充氧情况。叶轮的浸没应不大于 4 cm，过深影响充氧量，过浅则容易导致叶轮脱水，运转不稳定。另外，叶轮不可反转，反转会使充氧量下降。泵（E）形叶轮外缘最佳线速度为 4.5～5.0 m/s，若线速度小于 4 m/s，有可能引起污泥沉积。泵（E）形叶轮结构如图2-46所示。

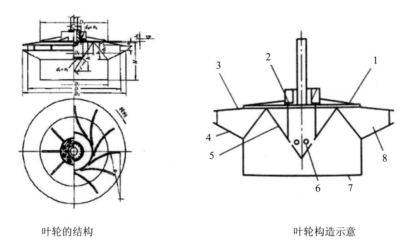

1. 上平板；2. 进气孔；3. 上压罩；4. 下压罩；5. 导流锥顶；6. 引气孔；7. 进水口；8. 叶片。

图 2-46　泵（E）形叶轮结构

倒伞形叶轮可通过调节机构或整机高度，达到调整叶轮浸没度的目的；也可通过调节曝气池出水堰来实现叶轮浸没度调节。有些倒伞形叶轮上钻有吸气孔，以提高叶轮的充氧量。倒伞形叶轮实物及结构如图 2-47 所示。

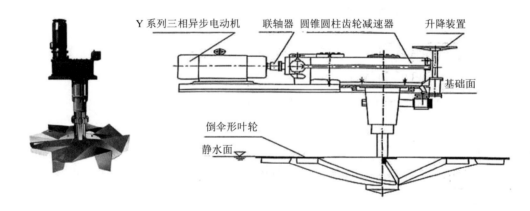

图 2-47　倒伞形叶轮实物及结构

K 形叶轮的后轮盘近似圆锥体，锥体上的母线呈流线型，与若干双曲率叶片相交成水流通道。通道从始端至末端旋转 90°，后轮盘端部外缘与盖板相接，盖板大于后轮盘及叶片，其外伸部分与后轮盘出水端构成压水罩，无前轮盘。K 形叶轮叶片数随叶轮直径大小不同而不同，叶轮直径越大则叶片数越多，$\phi 600 \sim 1\,000$ 叶轮的叶片数以 16 片为宜。叶轮线速度 $4 \sim 5$ m/s，浸没度 $0 \sim 1$ cm。K 形叶轮结构如图 2-48 所示。

平板形叶轮表面曝气机由平板、叶片和法兰组成。平板形叶轮结构如图 2-49 所示。

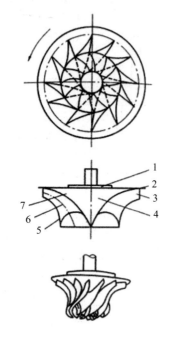

1. 法兰；2. 盖板；3. 叶片；4. 后轮盘；
5. 后流线；6. 中流线；7. 前流线。

图 2-48　K 形叶轮结构

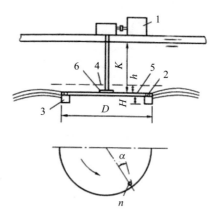

1. 驱动装置；2. 进气孔；3. 叶片；
4. 停转时水位线；5. 平板；6. 法兰。

图 2-49　平板形叶轮结构

2）水平轴式表面曝气机

主要区别在于水平轴上的工作载体——转刷或转盘。

水平轴式转刷表面曝气机主要由电机、减速传动装置和转刷等组成。转刷由多条冲压成型的叶片用螺栓连接组合而成，安装在传动轴上。叶片形状多样，有矩形、三角形、T 形、W 形、齿形、穿孔叶片等，目前应用最多的为矩形窄条状，叶宽为 50～76 mm，由 2～3 mm 厚薄钢片制成。转刷曝气机实物及结构、特性曲线、性能参数如图 2-50、图 2-51 和表 2-14 所示。

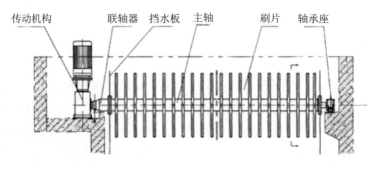

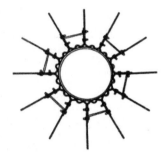

图 2-50　转刷曝气机实物及结构

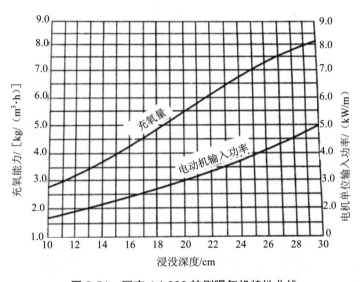

图 2-51　国产 $\phi 1\,000$ 转刷曝气机特性曲线

表 2-14　$\phi 1\,000$ 转刷曝气机性能参数

型号或类型	研制单位或生产厂家	直径/mm	转速/(r/min)	浸深/m	充氧能力[kg/(m³·h)]	动力效率[kg/(kW·h)]	转刷有效长度/m	氧化沟设计水深/m
Mammutrotoren	德国 PASSAVANT	500	90	0.04~0.16	0.4~1.9	2.5~2.7	—	—
Mammutrotoren	德国 PASSAVANT	700	85	0.24	3.75	2.2	1.0, 1.5, 2.5, 3.0	—
Mammutrotoren	德国 PASSAVANT	1 000	72	0.3	8.3	1.98	3.0, 4.5, 6.0, 7.5, 9.0	2.0~4.0
Akvarotor midi	丹麦 Kruger 公司	860	78	0.12~0.28	3.0~7.0	1.6~1.9	2.0, 3.0, 4.0	1.0~3.5
叶片式转刷	日本	1 000	60	0.17	3.75	2.7	—	2.9

型号或类型	研制单位或生产厂家	直径/mm	转速/(r/min)	浸深/m	充氧能力/[kg/(m³·h)]	动力效率/[kg/(kW·h)]	转刷有效长度/m	氧化沟设计水深/m
Mammoth 转刷	英国	970~1070	—	0.10~0.32	2.0~9.0	—	—	3.0~3.6
转刷	中南市政设计院	700	78	0.15~0.20	1.3~2.0	0.52~0.76	2.5	2.0
BZS 转刷	中南市政设计院安纺	1000	72~74	0.20~0.30	2.58~9.60	1.93~2.39	3.0, 4.5, 6.0, 7.5, 9.0	3.0
YHG 转刷	清华大学环境工程系，宜兴第一环保设备厂	1000	70	0.25~0.30	6.0~8.0	2.5~3.0	4.5, 6.0, 7.5, 9.0	3.03~3.5
YHG 转刷		700	70	0.20	4.1	2.95	1.5, 2.5	2.0~2.5
BQJ 转刷	江苏江都，通州给排水设备厂，宜城净化设备厂	700	—	0.15	3.0	—	3.0, 3.5	—
BQJ 转刷		1000	—	0.20	6.0	—	—	3.0~3.5

水平轴式转盘表面曝气机主要由电机、减速传动装置、传动轴、曝气盘等组成，并主要用在奥贝尔型氧化沟，又称为曝气转盘或曝气转刷。电机可采取卧式或立式安装，传动轴可采用单轴或多轴；转盘浸没度一般通过出水堰门或堰板来调节；转速为 3~55 r/min；可在转盘下游直道内设置 60°倾斜导流板，将刚充氧的混合液引向氧化沟沟底，强化传质。转盘曝气机转盘实物及结构、性能参数如图 2-52 和表 2-15 所示。

转盘

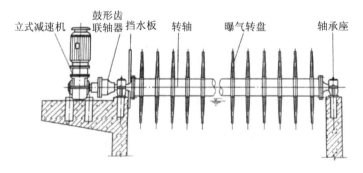

图 2-52 转盘曝气机转盘实物及结构

表 2-15　国内外转盘曝气机性能参数

型号或类型	研制单位或生产厂家	直径/mm	转速/(r/min)	浸深/m	充氧能力/[kg/(盘·h)]	动力效率/[kg/(kW·h)]	单盘轴功率/m	试验水池有效容积/m³	水表面积/m²
Orbal Disc	美国 Envirexx	1 378	43~55	0.28~0.53	0.57~1.13	1.85~2.14	0.35~0.61	850	220
SX 曝气转盘	广州市新之地环保公司	1 372	45~55	0.40~0.53	0.80~1.12	1.80~2.03	0.40~0.63	34	13
YBP 曝气转盘	宜兴水工业器材设备厂	1 400	50~55	0.40~0.53	—	—	0.43~0.70	100	19
曝气转盘	重庆建筑大学	1 200	55	0.40	0.34	1.5	—	100	50
曝气转盘	清华大学环境工程系	1 370	46~73	0.20~0.35	0.27~0.86	0.96~1.42	—	12	12

（2）水下曝气机

主要放在被曝气水体中层或底层，把空气送入水中与混合液中混合，将氧气从空气转入废水中。常用的水下曝气机有射流曝气机、泵式曝气机等。

1）射流曝气机

分为自吸式和供气式两种，自吸式靠负压吸气，供气式靠外接压缩空气管供气。BER 型水下自吸式射流曝气机结构、特性曲线、性能参数如图 2-53、图 2-54 和表 2-16 所示。

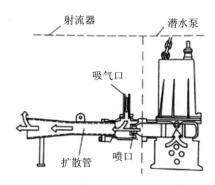

图 2-53　BER 型水下自吸式射流曝气机结构

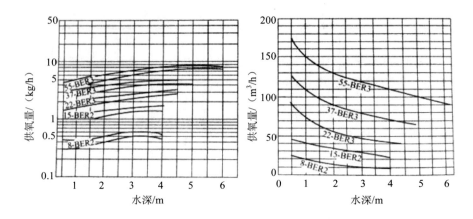

图 2-54　BER 型水下自吸式射流曝气机供氧量和供气量特性曲线

表 2-16　BER 型水下自吸式射流曝气机性能参数

空气管直径/mm	型号		电机功率/kW	转速/(r/min)	循环水量/(m³/h)	供气量-水深/(m³/h·m)	曝气池尺寸(长×宽×高)/m	有效水深/m	质量		供氧量/(kg/h)
	无滑轨	有滑轨							无滑轨	有滑轨	
25	8-BER	TOS-8B	0.75	3 000	22	11-3	3×2×4	1～3	28	23	0.45～0.55
32	15-BER	TOS-15B	1.5	3 000	41	28-3	4×3.5×4	1～3	45	36	1.3～1.5
50	22-BER	TOS-22B	2.2	1 500	63	45-3	5×5×4.5	2～3	75	61	2.2～2.6
	37-BER	TOS-37B	3.7	1 500	94	80-3	6×6×5	2～4	91	77	3.6～4.3
	55-BER	TOS-55B	5.5	1 500	126	120-3	7×7×6	2～5	137	120	6.0～7.0

2）泵式曝气机

将潜水泵进行改造，泵的叶轮旋转在中心区产生负压，空气由导管从水面吸入空气，与叶轮吸入的水混合，在叶轮的剪切下形成小气泡在池内循环，完成充氧和泥水气混合的目的。泵式水下曝气机结构及曝气环流情况、性能参数如图 2-55 和表 2-17 所示。

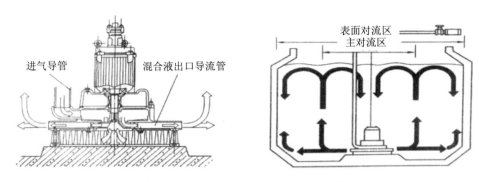

图 2-55 泵式水下曝气机结构及曝气环流情况

表 2-17 TR 型泵式水下曝气机性能参数

型号	主对流区/m	表面对流区/m	最大水深/m	型号	主对流区/m	表面对流区/m	最大水深/m
8-TR	1.2	2.0	3.2	75-TR	4.5	9.0	4.1
15-TR	1.5	2.5	3.2	110-TR	5.0	10.0	4.7
22-TR	2.5	5.0	3.6	150-TR	5.5	11.0	4.7
37-TR	3.0	6.0	3.6	190-TR	6.0	12.0	5.0
55-TR	3.5	7.0	3.6	220-TR	6.0	12.0	5.0

2.4.2 控制方式及运行监控

2.4.2.1 微孔曝气器

（1）控制方式

微孔曝气方阵的曝气量调节可分为手动和自动两种方式。

1）手动方式

一般是在就地操作触摸屏或中控计算机上远程设定曝气风机运行频率，实现风量调节。

2）自动方式

可根据进水流量、生化池溶解氧和氨氮、出水氨氮等参数自动控制生化池各支管阀门打开或关闭，使对应区域处于曝气或不曝气状态或自动调节风机运行频率，从而调节曝气量。

（2）运行监控

微孔曝气器方阵运行时，可通过远程监控摄像头监视曝气效果。正常情况下，微孔曝气器曝气时在水面呈现均匀微小散发型气泡。若出现水面大气泡翻滚的情况，则表明该位置的微孔曝气器出现松脱或破裂情况；若出现水面部分位置无微小散发气泡产生，则表明该位置的微孔曝气器出现堵塞的情况。

2.4.2.2 表面/水下曝气机

（1）控制方式

1）现场手动方式

是指在现场通过就地控制箱上的开关按钮进行开/停操作的方式，若带变频调速功能可在现场变频柜通过旋钮或面板调节表曝机转速。

2）远程手动方式

是指在中控室计算机上通过操作界面进行开/停操作的方式，若带变频调速功能可在中控室计算机上通过操作界面设置频率值进行调速。

3）自动控制方式

是指通过中控室计算机操作界面设置表面曝气机所处生化段的 DO 值，现场溶解氧仪进行实时溶解氧监测反馈，通过 PID 控制，自动调制表面曝气机的转速。

（2）运行监控

曝气机运行时，可通过上位机监控其运行电流、电压、转速及转刷曝气效果（DO 值）来判断表面曝气机的运行状态，通过设置超限值，若各项参数中某项出现超限的情况，将由中控系统发出声光报警，提示运行人员进行检查。另外，水下曝气机属于水下设备，设备内置泄漏、温度等探测，通过信号接入中控系统，当出现泄漏、温度告警时，将由中控系统发出声光报警。

2.4.3 安全运行操作

①手动操作表面曝气机、调整微孔曝气方阵曝气量或检修曝气管段前应告知中控室值班人员，操作结束后应改回自动控制方式。

②现场手动操作前应检查电源电压，各类保护功能是否正常。

③严禁不断开电源而随意触摸设备移动、旋转部分，以及随意起吊设备。

④曝气风管温度高，现场操作时应注意避免烫伤。

2.4.4 日常点检与一般维护

2.4.4.1 微孔曝气器

①每天至少进行一次现场检查，检查的内容为：曝气的均匀度，有无出现缺失曝气的区域、有无出现大气泡或翻滚的区域，所在段在线溶解氧仪测量值等。根据检查结果进行相应的处理或者通知设备维修人员进行检修。

②每天至少进行一次微孔盘式曝气方阵冷凝水排放阀的开启，排出方阵内冷凝水。

③定期手动检查曝气方阵阀门开关情况，测试阀门自动控制是否正常，定期润滑维保阀门。

2.4.4.2 表面曝气机

①每天至少进行一次现场检查，检查的内容为：运行是否振动、有无异响，运行电流、运行电压、转刷曝气均匀程度、曝气效果及所在段的在线溶解氧测量值等。根据检查结果进行相应的处理或者通知设备维修人员进行检修。

②定期测试曝气机自动控制功能是否正常，能否根据设定值进行调速。

③按规定在各润滑点定时、定量加注指定型号的润滑油（脂）。

④定期进行防腐刷漆，保持机组表面油漆完整。

2.4.4.3 水下曝气机

①每天至少进行一次现场检查，检查的内容为：运行是否振动、有无异响，运行电流、运行电压、曝气均匀程度及曝气效果、所在段的在线溶解氧测量值等。根据检查结果进行相应的处理或者通知设备维修人员进行检修。

②定期测试水下曝气机自动控制功能是否正常，能否根据设定值进行调速。

③按规定定期起吊进行点检，检查机封及机封油情况，传动部件磨损情况。

④定期点检同时进行防腐刷漆，保持机组表面油漆完整。

2.4.5 常见故障与处理

2.4.5.1 微孔曝气器

（1）曝气方阵上方水面出现大气泡或翻滚的情况

首先确定风量与风压在符合水质要求下，应将所在方阵的风管阀门进行关小调整（接近关闭状态），检查翻滚位置有无大气泡出现，若有，则判断为曝气器膜片破裂或曝气器与管段连接处松脱；若无，则恢复正常运行状态进行观察，并将观察结果告知维修人员进行检修。

（2）曝气方阵上方水面部分曝气器位置无曝气

首先应将曝气阀门开度调大，观察曝气效果并持续曝气一段时间，然后恢复正常运行状态，若仍无曝气现象，则需要待合适停产时间进行曝气头膜片更换（曝气头堵塞）。

（3）曝气方阵整体或局部上方水面部分位置无曝气

首先应将所在曝气方阵的冷凝水阀打开，观察冷凝水排放效果，若冷凝水排放阀无水无气,则判断为方阵内冷凝水过多导致无法排放,进而影响曝气效果,需疏通冷凝水排放管,告知维修人员进行检修。

(4)自动控制方式下曝气方阵管道阀门不能自动控制

首先应改为现场手动控制方式,开/停操作看能否正常运行,如果运行正常,再改为远程方式,在中控室远程手动启动,看能否正常运行,如果不能正常运行,则需告知维修人员进行检修。

2.4.5.2 表面/水下曝气机

(1)电源电压、电流等超限异常报警

首先应改为现场手动控制方式,然后查看现场电压表、电流表显示是否在正常范围内(电压380V±7%),电流是否超电机额定电流,并告知维修人员进行检修。

(2)机械或电机故障报警

首先应改为现场手动控制方式并断电停机,然后手盘查看曝气机是否卡滞、传动部件是否有异响、电机和轴承是否发热、电机三相对地绝缘、电机各项电阻是否平衡,相间绝缘等,并告知维修人员进行检修。

(3)曝气效果差(溶解氧值过低或过高)

首先查看仪表是否异常,用便携式溶解氧仪测量比对,若在线溶解氧仪测量正确,则应分析水质、水量、污泥浓度是否造成溶解氧波动,若发现曝气不均匀或异常应告知维修人员进行检修。

(4)自动控制方式下不能够正常自动开/停或调节运行频率

首先应改为现场手动控制方式,启动操作看能否正常运行,如果运行正常再改为自动方式,在中控室远程手动启动,看能否正常运行,如果不能正常运行则需告知维修人员进行检修。

2.4.6 经济运行

①无论是鼓风机曝气系统的曝气器、表面曝气机,或者是水下曝气器,其节能的关键在于生化池好氧段的溶解氧和氨氮应控制在合理的范围内,通过中控系统人机界面设定需要的溶解氧和氨氮值,与工艺段在线溶解氧仪和氨氮仪表实际测定值进行对比,根据差值自动调整曝气量或曝气机转速,达到精确控制溶解氧的目的。

②定期用酸洗机对微孔曝气器膜片进行酸洗,降低曝气器阻力。

③每两年至少对曝气系统进行一次放空大修,清理积泥,清洗或更换破损的曝气器膜片。

2.5 排泥设备

2.5.1 简介

污水处理工艺流程的沉淀系统是排水工艺重要环节之一，沉淀池的排泥直接影响水质处理的效果，一般情况下采用机械排泥。经生物池处理过的污水进入沉淀池，由刮泥机将沉积在池底的污泥刮到泥斗中，通过地下管道进入污泥泵房，上清液经齿形堰流入集水槽后排入后续工艺段处理后排出厂外。排泥设备适用于二沉池、絮凝沉淀池等。

2.5.1.1 沉淀池池形分类

（1）按平面形状

可分为矩形沉淀池和圆形沉淀池。

（2）按水体流向

可分为平流式沉淀池、竖流式沉淀池和辐流式沉淀池。

（3）按工作原理

可分为斜管（板）式沉淀池、机械搅拌澄清式沉淀池和悬浮澄清式沉淀池、脉冲澄清式沉淀池。

2.5.1.2 排泥设备分类

排泥设备具体分类如表 2-18 所示。

表 2-18 排泥设备分类

平流式	桁车式	吸泥机	泵吸式	单管扫描式
				多管并列式
			虹吸式	水位液位差自吸式
			虹吸/泵吸式	
		刮吸泥机	翻板式	
			提板式	
	牵引式	链条式	单列链式刮泥机	
			双列链式刮泥机	
		液压式	液压往复式刮泥机	
	螺旋输送式		水平式	
			倾斜式	
辐流式	垂架式	周边传动半桥（全桥）式多管刮吸泥机	虹吸式（采用套筒阀调节）	
			泵吸式	
		中心传动半桥（全桥）式单管刮吸泥机	虹吸式（采用套筒阀调节）	
			泵吸式	

（1）桁车式吸泥机

桁车式吸泥机的形式有泵吸式、虹吸式和虹吸/泵吸式等，区别在于是否采用虹吸吸泥系统。吸泥机主要结构有行车结构、驱动装置、泵吸/虹吸吸泥系统、配电及行程控制装置等。桁车架为钢结构，由主梁、端梁、水平桁架及其他构件焊接而成；驱动机构有双边驱动和长轴驱动两种；集电装置可采用安全形封闭式滑触线或移动式悬挂电缆集电装置。桁车式吸泥机总体结构、虹吸式吸泥机结构、虹吸式吸泥管路结构分别如图 2-56～图 2-59 所示。

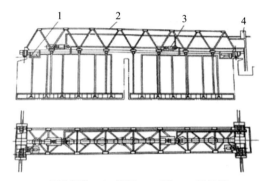

1. 驱动机构；2. 桁架；3. 泵；4. 配电箱。

图 2-56　桁车式吸泥机总体结构

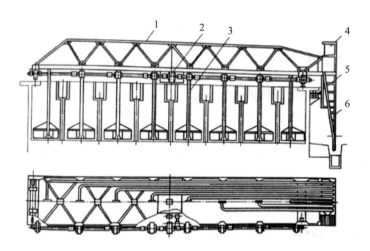

1. 桁架；2. 驱动机构；3. 虹吸管；4. 配电箱；5. 集电器；6. 虹吸出流管。

图 2-57　虹吸式吸泥机结构

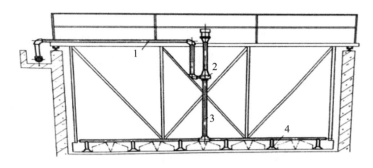

1. 出水管；2. 吸泥泵；3. 进水管；4. 吸口。

图 2-58　虹吸式吸泥管路布置结构

为了尽可能提高虹吸式吸泥的浓度，一般将吸口做成长形扁口的形状。吸口与吸口之间相距 1 m 左右，在间距内的污泥借助集泥刮板推向吸口。泵可选立式液下泵或潜污泵；虹吸式排泥要求出泥渠道液位必须低于沉淀池液位。桁车式泵吸式刮吸泥机实物如图 2-59 所示。

图 2-59　桁车式泵吸式刮吸泥机实物

（2）牵引式刮泥机

牵引式刮泥机是一种依据水力学原理设计，由驱动装置驱动楔形刮板在矩形池池底做往返运动（通过后一根刮板向前一根刮板传递污泥，直至污泥跌入排泥沟），连续去除池底沉淀污泥。汇集到排泥沟的污泥可采用重力自流或依靠外接泥泵、气提装置进行污泥排放。该刮泥机具有运动部件少、维护少、污泥连续输送、可靠性高、安装简便、污泥浓缩等优点，而刮板的往复移动同时具有浓缩污泥的作用，理论上可浓缩污泥至 3% 以上，省去了传统的排泥水调节池和污泥浓缩池，并降低水耗。

1）链条牵引式刮泥机

主要由驱动装置、传动链与链轮、牵引链与链轮、刮板、导向轮、张紧装置、链轮轴和导轨等组成。在传动链轮的主动链轮上装有安全销，进行过载保护。其性能特点有：

刮板块数多，刮泥能力强；刮板移动速度慢，对污泥扰动小，不干扰污泥沉淀；刮板在池中做连续运动，不必往返换向，不需要行程开关；驱动装置设在池顶的平台上，配电及维修等很方便；在池底部刮泥的同时在池面刮渣，不需要另加刮渣设施；依靠水面压力和排泥渠道的排泥调节阀以虹吸方式排泥。链条牵引式刮泥机结构、实物如图 2-60、图 2-61 所示。

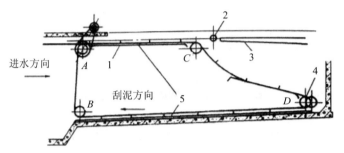

1. 刮板；2. 集渣管；3. 溢流堰；4. 张紧装置；5. 导轨。

图 2-60　链条牵引式刮泥机结构

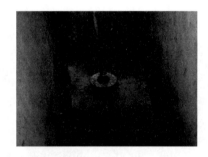

图 2-61　链条牵引式刮泥机及配套虹吸阀门实物

2）液压牵引（往复）式刮泥机

该刮泥机是依据水力学原理设计的能够连续产生往复运动传输污泥的底部刮泥机。由液压驱动系统（由液压缸装置、传感器、液压软管等组成）、连杆系统（由活塞延长杆、三角臂固定架、三角臂、连接臂、连接臂回转支架、导向装置、导向管、推拉杆回等组成）、刮泥框架（由楔形刮泥板、扁钢条、交叉条、滑鞋、滑板等组成）3 个系统构成。

刮泥机可通过 PLC 预设运行时间和暂停时间进行自动控制。工作时由液压驱动系统通过连杆机构沿沉淀池轴线方向将垂直方向作用力为刮泥框架提供水平方向作用力带动刮泥框架在池底平面上做平移往复运动。在液压驱动系统中液压缸处安装两个位置传感器（分别在起始和终端位置），由位置传感器给出限位反馈信号，使刮泥框架改变运行方向并由液压单元流量阀调节刮泥框架运行速度（返回速度为前进速度两倍）。当刮泥框架上的楔形刮泥板向前运动时，其凹面将污泥向污泥槽的方向推送；当刮泥框架做快速返回运动时，楔形刮泥板在污泥层下迅速滑动，这样污泥就流到楔形刮泥板前面。其优点是刮泥机的往复运动提高了污泥含固率（含固率不低于 3%），有利于后续污泥脱水，以及因刮泥过程只在泥层底部进行而不会干扰污泥沉淀效果。由于刮泥机刮泥板和池底是通过滑鞋和滑板接触的，摩擦相对较小，故往复运动所需能量也较低。液压牵引（往复）式刮泥机结构、安装分别如图 2-62、图 2-63 所示。

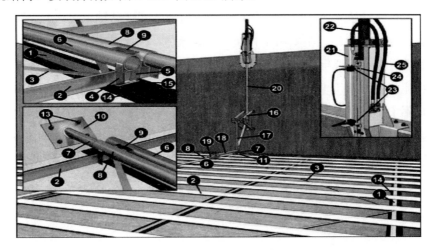

1. 扁钢条；2. 楔形刮泥板；3. 交叉条；4. 推拉杆托架；5. 推拉杆托架；6. 推拉杆；7. 导向装置；8. 导向管；9. 推拉杆托架（水平）；10. 导向装置墙侧固定板；11. 导向装置托架；12. 导向装置托架；13. 化学螺栓；14. 滑鞋和滑板；15. 螺丝；16. 三角臂固定架；17. 三角臂；18. 连接臂；19. 连接臂回转支架；20. 活塞延长杆；21. 液压缸装置；22. 液压缸；23. 位置传感器；24. 活塞杆塑料块；25. 液压软管。

图 2-62 液压牵引（往复）式刮泥机结构

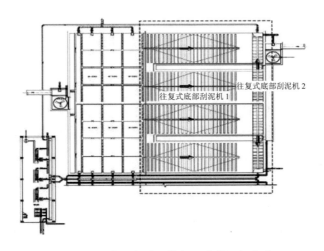

图 2-63 液压牵引（往复）式刮泥机安装

（3）垂架式排泥设备

1）周边传动半桥（全桥）刮吸泥机

此种刮吸泥机主要安装于中心进水、周边出水辐流式沉淀池。池体中间为中空立柱管，下口与池底进水管衔接（立柱管管壁四周开孔出水，为了配水均匀，减少进水对沉淀区的冲击，在支柱出水外围增加扩散筒和导流筒），上口封闭作为中心支座的平台，平台上安装刮泥机驱动装置（常用外啮合式传动和内啮合式滚动轴承传递），并带动刮臂桁架和刮泥板进行刮泥操作。主要由工作桥、驱动装置、中心支座、传动竖架、刮臂、集泥板、吸泥管、中心高架集泥槽、撇渣装置等组成。

该刮吸泥机主要采用多管吸泥方式，吸泥管道沿两侧刮臂对称排列，每根吸泥管自成系统，互不干扰，从吸口起直接通入中心集泥槽。通过刮臂的旋转，由集泥板把污泥引导到吸泥管口（管口与池底的距离为管径的 0.75~1 倍），利用水位差（集泥槽顶高出沉淀池水位 50~70 mm）将泥吸走，边转边吸。吸入的污泥汇集于中心集泥槽内，再经排泥总管排出池外。多管吸泥管布置示例如图 2-64 所示。

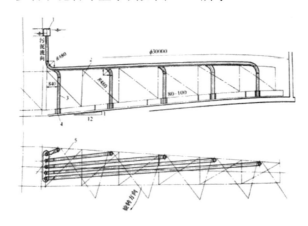

图 2-64 多管吸泥管布置

2）中心传动半桥（全桥）刮吸泥机

该刮吸泥机在周边进水周边出水圆形辐流式二沉池使用得较多。与多管式吸泥机相比，此种机型的吸泥管结构更为紧凑，污泥在管内流动时损失小，排泥效果好，运行稳定。周边进水周边出水，进水均匀缓慢，污泥更易于沉淀。

当沉淀池内径不大于 42 m 时，一般采用单根吸泥管。吸泥管与桁架分列于中心垂架两侧，通过驱动装置带动中心垂架的旋转而运转。利用沉淀池内外水位差自吸或采用安装于池外排泥管上污泥泵抽吸的方式，将池底污泥由排泥总管排出池外。中心传动（单管）刮吸泥机实物及结构分别如图 2-65~图 2-67 所示。

图 2-65 中心传动单管刮吸泥机实物

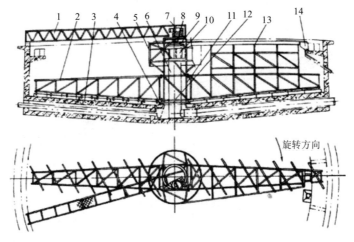

1. 工作桥；2. 刮臂；3. 刮板；4. 吸泥管；5. 导流筒；6. 中心进水管；7. 中心集泥槽；8. 摆线减速机；9. 蜗轮减速器；10. 旋转支承；11. 扩散筒；12. 传动竖架；13. 水下轴承；14. 撇渣板；15. 排渣斗。

图 2-66 中心传动刮吸泥机结构

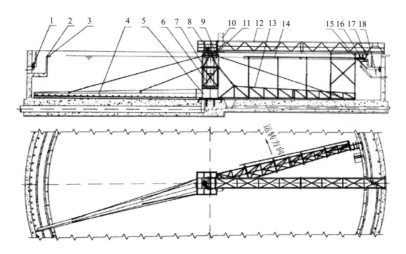

1. 布水孔管；2. 出水堰板；3. 浮渣挡板；4. 吸泥管；5. 中心泥罐；6. 中心柱；7. 中心垂架；8. 驱动装置；9. 检修平台及护栏；10. 电控柜；11. 回转支承；12. 工作桥；13. 刮臂；14. 刮渣板；15. 排渣斗；16. 刮渣耙；17. 冲洗水阀；18. 挡水裙板。

图 2-67 中心传动单管刮吸泥机结构

当沉淀池内径大于 42 m 时，一般采用对称的两根吸泥管，中心传动双管刮吸泥机结构如图 2-68 所示。

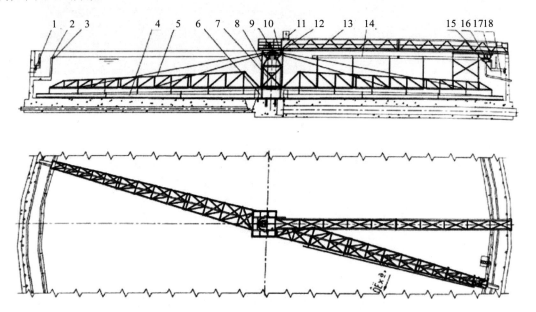

1. 布水孔管；2. 出水堰板；3. 浮渣挡板；4. 吸泥管；5. 中心泥罐；6. 中心柱；7. 中心垂架；8. 驱动装置；9. 检修平台及护栏；10. 电控柜；11. 回转支承；12. 工作桥；13. 刮臂；14. 刮渣板；15. 排渣斗；16. 刮渣耙；17. 冲洗水阀；18. 挡水裙板。

图 2-68　中心传动双管刮吸泥机结构

2.5.2　控制方式及运行监控

2.5.2.1　控制方式

运行控制方式有就地手动控制和远程手动控制。但刮吸泥机正常情况下应连续运行。

2.5.2.2　运行监控

中控室计算机连续监控刮吸泥机运行、故障信号，停止运行或故障时将发出报警信息。

2.5.3　安全运行操作

①刮吸泥机长时间停机后再次启动前，需放空池中污水并清除沉积污泥，方可重新投入使用。冬季池内水面结冰，应在解冻或破冰后再运行刮吸泥机。

②开机操作前检查并确认润滑油是否充足或是否存在漏油情况，同时检查运行轨迹中有无障碍物并排除，另外确认限位开关、扭矩开关是否正常。

③按下按钮，启动刮吸泥机，检查运行是否匀速运动，待设备运行一圈后，确认设备运行正常，操作人员方可离开。

④运行过程中，观察并确认液面无异常鼓泡及搅动现象、无翻泥现象、排泥无堵塞现象、液位无异常降低现象等。

⑤正常停机时按停止按钮，辐射式刮吸泥机应立即停止运转；桁车式刮吸泥机应在时间控制下正常回到初始位置。当有异常现象时，也可按现场的急停按钮停机。

⑥在桥上或其运行区域做巡检时，巡检人员必须穿戴救生衣。

⑦在维护检修前，必须切断电源并有人监护，工作人员和监护人员应穿好救生衣。

⑧维修工作结束后，必须清理设备及运行路面上的工具材料等，无障碍后方可开机。

⑨下雪以后应清扫运行路面上的积雪，以免行走轮打滑。

2.5.4 日常点检与一般维护

①每天至少到现场进行点检一次，内容包括运转声音是否有异常、行走轨迹是否有跳动和卡滞现象、是否有异步偏轨现象，刮臂是否扭曲和变形等、减速箱温度是否超过65℃、是否有漏油、水面浮泥和浮渣情况、是否有气泡、是否跑泥、排泥阀出泥流量是否正常等。

②每天至少测量泥位一次，并定期清理池壁青苔和水面浮泥、浮渣。

③每周一次检查现场控制箱内电源线、控制线、接地线是否有破损、脱落或变色，电源和运行指示灯是否正常指示。

④定期检查电机传动部位的润滑油脂和减速机润滑油情况，保持减速箱润滑油在标准线以上。

⑤刮吸泥机应连续运转，不能间断。如要停止，间歇时间不能太长，否则因污泥沉积形成板结，导致机械过载而产生故障。如停止不用，一定要将池内泥水排净后（最好冲洗干净）再停止运行。

⑥通过水质变化（厌氧状态）判定进水、排泥等系统堵塞情况，并定期清理堵塞的污泥。

⑦如进水渠产生浮泥和积泥情况，应定期进行清理。

2.5.5 常见故障检查与处理

①刮吸泥机正常情况下应连续运行，当停止运行时应到现场检查电源指示灯是否有指示、故障灯是否点亮，如果电源正常且无故障指示，可按启动按钮，如果仍不能运行、故障灯点亮或者无电源指示，则应关闭进水阀门，报维修人员进行检修。

②发现运行声音异常、刮臂变形、减速箱温度高或润滑油不足、行走轨迹跳动、卡

滞或异步偏轨等较严重情况时应停止运行,关闭进水阀门,报维修人员进行检修。

2.5.6 经济运行

原则上要求刮吸泥机连续运行,以确保沉淀池池底无污泥板结现象,同时保持污泥回流运行,保障沉积污泥无反硝化浮泥状态。但可根据污泥沉淀无板结、污泥沉降速率、污泥回流比、水质运行工况等情况进行调整:

①对于桁车刮吸泥机可执行变频运行、时间间隙运行等措施降低刮往返和污泥泵的运行能耗。

②减少沉淀池污泥回流次数,有效降低回流水比提高沉淀池出水量,并同时降低前段工艺运行再次处理的二次能耗。

2.5.7 完好标准

刮吸泥桥类设备完好状态条件及评价如表 2-19 所示。

表 2-19 刮吸泥桥类设备完好状态条件及评价

完好状态必备的工况条件	评价方法及说明
设备运行正常、平稳	行走驱动机构运行平稳、无卡滞、无跳动、无异常振动及异响、无漏油,油位正常、轨道无偏轨现象;无翻泥;吸泥孔无堵塞
保护功能灵敏、可靠	过扭矩等保护功能正常;热继电器保护设定值为额定值的 1.1 倍且保护动作灵敏、可靠

以中心传动刮吸泥机为例,其完好标准如下:

①开/停机正常,行走平稳,电机、减速箱温度及声响正常,轨道无偏轨现象。

②刮渣、撇渣功能正常,池面无明显浮渣。

③减速机油位正常,无漏油现象。

④刮臂无变形,过扭矩保护功能正常。

⑤远程操作功能正常。

⑥运行/停止状态指示和故障报警功能正常。

⑦控制箱内接线端子无腐蚀变色,箱体接地线无变色或断开,内部接线不杂乱、规范整齐,无灰尘蜘蛛网,无杂物,柜门闭锁正常,现场有电气控制图纸。

⑧设备标识、安全警示标志和安全防护措施齐全、完好。

2.5.8 技能要点与实训

①熟悉了解现场手动、自动及远程及限位、过载等运行和保护控制方式。
②熟悉了解桁车式刮吸泥机运行往返行走时间，行走过程的注意事项。
③熟悉了解一般性故障发生后的检查及排除方式方法，并掌握中心/周边传动刮吸泥机"离合"跳闸后的解决办法。
④熟悉了解运行声音的辨别，掌握异常声音的来源。
⑤熟悉掌握润滑油及润滑脂的检查、加注、更换等方式方法，以及掌握油量的控制。
⑥编辑及完善点检表（表 2-20）。

表 2-20 排泥设备日常点检

巡检项目	点检标准	方法/工具	点检周期	安全注意事项	异常情况	异常处理措施

2.6 滗水器

滗水器是 SBR 法、CASS 法、ICEAS 法等污水处理工艺中最常用的关键机械设备，它可在排水阶段随水位变化而自动升降，将已处理的上清液自池体液面排出。而液面的浮渣被有效地截留在反应池内。

2.6.1 类型及特点

滗水器按其结构形式可分为旋转式滗水器、套筒式滗水器、虹吸式滗水器、浮力式滗水器等几种。各类滗水器性能对照如表 2-21 所示。

表 2-21 各类滗水器性能对照

项目	旋转式滗水器	套筒式滗水器	虹吸式滗水器	浮力式滗水器
负荷/[L/（m·s）]	20~32	10~12	1.5~2.0	—
滗水范围 ΔH/m	1.1~2.4	0.8~1.2	0.4~0.6	1.2~2.5
工作原理	经过一个旋转臂上的出水堰将水引至池外	由可升降的堰槽引出管将水引至池外	利用电磁阀排出 U 形管与虹吸管之间的空气，通过 U 形管将水引至池外	通过浮筒上的出水口将水引至池外

项目	旋转式滗水器	套筒式滗水器	虹吸式滗水器	浮力式滗水器
基本结构	由回转接头、支架堰门、丝杆、万向导杆及减速机等组成	由启闭机、丝杆、出水堰槽及伸缩导管等组成	主要由管、阀构成	由浮筒、出水堰、柔性接头、弹簧塑胶软管及气动控制拍门等组成
控制形式	PLC 控制电动螺杆	钢丝绳卷扬或丝杆升降	可编程序电磁阀控制	可编程序气动控制
主要优点	动作可靠、负荷大、滗水深度较大	滗水负荷量大、深度适中	无运转部件、运作可靠、成本较低	动作可靠、滗水深度大、自动化程度高

2.6.1.1 旋转式滗水器

主要由电控箱、传动装置、机架、连杆缸筒、堰槽组件、浮筒组件、出水组件、行程控制、底座等组成,并由连杆缸筒把水下部分与执行机构连接起来。在每一循环中从反应池的最高运行水位开始,由中央控制系统给出信号指令电机驱动螺杆以正常运行速度向下旋转推动集水堰槽逐渐下降,并以一定的滗水速率排放恒定流量的上清液到排水管。滗水器下降到达设定的低水位时,由限位接近开关给出信号指令电机反转牵引滗水器集水堰槽快速返回至原来预置位置完成一个循环滗水周期,等待完成下一个循环。旋转式滗水器时实物及结构如图 2-69 所示。

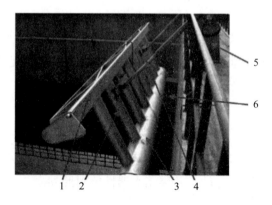

1. 撇水器;2. 集水(出水)支管;3. 集水(出水)总管;4. 推杆;5. 推杆支座;6. 出水管基座。

图 2-69 旋转式滗水器实物示例及结构

其主要特点有:

①滗水器可根据工艺要求设计滗水深度,并为避免扰乱沉降的污泥层,防止滗水器出污泥,滗水速率可调。

②滗水器的堰口在规定的负荷范围内、堰口下液面不会扰动。堰口设有浮筒和挡渣

板，以及螺杆螺母机构采用自锁机构，以免在断电情况下螺母下滑影响整个动作过程程序执行，确保出水水质。

③滗水器的旋转联合器与密封件可防止液体的泄漏，旋转联合器由两个紧密装配的密封装置组成，排放管线系穿过反应池的墙体，保证穿透处不致漏水。

④采用 PLC 程控智能驱动，滗水器接到排水指令后快速将滗水堰口由停放位置移动到水面以下，将静止后的上清液排水，来回往复进行排水。当滗水器到达低水位后，安放在低水位的液位开关发出返回指令，滗水器快速回升到初始的停放位置，完成一个工作循环。

⑤滗水器设置手动、全自动、上位机控制等方式，便于操作管理。其特殊的设计保证滗水器重力和所受浮力基本平衡，使驱动功耗很低。

⑥水下部件全部采用不锈钢材质，无须养护，驱动和控制设备维修方便。

2.6.1.2 套筒式滗水器

有丝杠式和钢绳式两种，均由传动装置、滗水槽、弹性橡胶接头、支架、伸缩套筒、排水干管，干管支架、天桥、排气管和伸缩式万向联轴器等部件组成。在一个固定的平台上通过电机的运动，带动丝杠（或滚筒）上钢绳连接的浮动式水堰上下运动。堰的下端连接着若干条一定长度的直管，直管套在一个带有橡胶密封的套筒上，直管可随堰一起运动。套管的末端固定在反应池底，与底板下的排水管相连。上清液由堰流入，经套管导入排水管后排出反应器。套筒式滗水器时实物及结构如图 2-70 所示。

 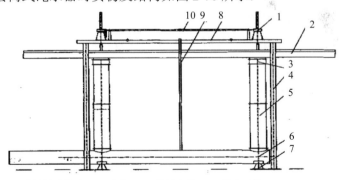

1. 传动装置；2. 滗水槽；3. 弹性橡胶接头；4. 支架；5. 伸缩套筒；6. 排水干管；
7. 干管支架；8. 天桥；9. 排气管；10. 伸缩式万向联轴器。

图 2-70　套筒式滗水器实物示例及结构

其主要特点有：

①滗水槽由矩形堰槽、外挡渣板、堰板、底板、端板等组成。两端板或底板两端开有矩形导流缝隙，便于在滗水时减少水对堰槽的浮力，堰槽中部带有与传动装置连接的

吊耳，底部设有带法兰的出水口。

②滗水槽通过柔性橡胶接头与伸缩套筒相连，伸缩套筒为两端带有法兰的内外双层套管构成，伸缩套筒外筒与池底排水干管采用法兰相连，内层套筒与柔性橡胶接头连接，内、外套筒间采用双层 J 形橡胶密封圈密封，J 形橡胶密封圈用法兰固定在外筒上，密封可靠，上下活动灵活。

③传动装置采用改装后的双吊点启闭机作为传动装置，用无级调速摆线针轮减速机代替原电机，启闭机间传动轴上增加可伸长型双万向联轴器及伸缩花键，便于安装时调整启闭机间距和同轴度。

④电机采用变频器控制，开始滗水时为工频，堰槽快速到达水面，此时变频器降低频率，滗水槽随水面平稳下降开始滗水。当滗水槽下降到设定停止位置时，电机停止运转后再工频反转，滗水槽快速上升至设定的停止位置，滗水周期完成。

⑤滗水器设计要求伸缩套管必须平行，这样排水时才能保证堰上各处水量均匀，水流平稳，不会扰动污泥层，保证出水质量。

2.6.1.3　虹吸式滗水器

主要由排水短管、U 形管部分及排水总管等组成。当 SBR 池内水位不断上升时，空气被阻留在滗水器管路中，短管中的空气被水头压向管上方，由于 U 形管的存在，空气的压力被 U 形管内造成的水位差所平衡，只能滞留在管路中，气阻使池中的水不能流出。曝气及沉淀阶段结束后打开电磁阀，阻留的空气被放出，上清液便通过所有的垂直短管经 U 形管流出池外。当池水液位达到低位时，电磁阀关闭后，滗水过程结束。虹吸式滗水器一般适用于滗水深度<1 m 的场合。虹吸式滗水器如图 2-71 所示。

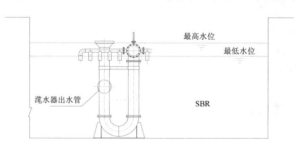

图 2-71　虹吸式滗水器

其主要特点有：

①设备整体采用不锈钢或玻璃钢材料，耐腐蚀性好，运转可靠性高。适用于各种大中型城市生活污水处理及各类工业废水处理。

②滗水器运行过程中在最佳的堰口负荷范围内，堰口下的液面不受任何扰动。

安装过程中将短管的底端设置为低于排水最低水位 100 mm，可防止池面浮渣进入短管，以确保出水时上清液上层浮渣不被排出。

③设备结构简洁紧凑，分部件设计制造，便于安全运输，安装快捷，且便于日常维护保养。

④无机械动力设备，投资少，运行费用低。

⑤设备控制系统可选用先进的自动控制及安全报警装置，使设备在运行过程中具有较大的活动性和可调性，以适应不同水质、水量的变化，遇到事故自动停机报警，适用于全自动化运行管理。

2.6.1.4 浮力式滗水器

浮力式滗水器由浮筒、收水桶、可旋转连接、导流管、可旋转收水管、穿墙排水管、排污阀、排水阀、支架组成，滗水操作包括排污泥和排水两步。排泥目的是排出非排水阶段进入收水筒、导流管、可旋转收水管和穿墙排水管内的污泥，排出的污泥通过导流沟进入 SBR 处理前任何工段均可。当出水澄清后关闭排污阀门、打开排水阀门进行滗水操作，滗水结束关闭出水阀门，通过调节排水阀开关大小可以调节滗水速度。远程控制排水过程可以将排污阀和排水阀使用自控阀。浮力式滗水器结构如图 2-72 所示。

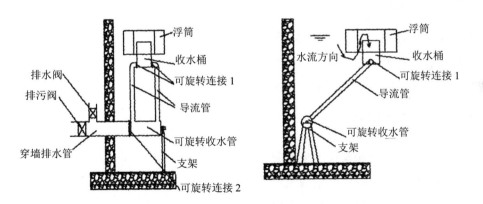

图 2-72 浮力式滗水器结构

其主要特点有：

①在曝气、进水等操作过程中，滗水器收水桶不用吊离水面，实现了真正的无动力。

②在进水、曝气等操作过程中进入滗水管道内的污泥等物质在滗水过程中通过排泥过程排空，不会影响滗水质量。

③所使用的浮筒为环形浮筒，浮筒稳定性好，在曝气过程中虽在水面漂浮，但由于环形浮筒良好的稳定性，不会出现颠覆现象。

④滗水速度可通过排水阀门大小进行调节，操作灵活。

⑤通过改变滗水操作，省去了传统浮筒式滗水器的动力装置，大大降低了成本和维护、使用费用。

2.6.2 控制方式及运行监控

2.6.2.1 控制方式

滗水器控制方式分手动和自动两种方式，手动控制又包括现场手动和远程手动两种方式。

（1）现场手动方式

是指在现场通过就地控制箱上的开关按钮进行开/停操作的方式。

（2）远程手动方式

是指在中控室计算机上通过操作界面进行开/停操作的方式。

（3）自动控制方式

根据设定的运行周期定时自动开/停。

2.6.2.2 运行监控

①中控室计算机连续监控滗水器运行、故障、上升或下降过程停止等信号，出现异常情况时将发出报警信息。

②通过视频可监控滗水器运行情况是否正常。

2.6.3 安全运行操作

①现场手动操作前和操作结束后应告知中控室值班人员，并改回自动控制方式。

②现场手动操作前应检查电源电压是否正常。

③注意设备会随时启动运行，严禁不断开电源而随意触摸设备移动、旋转部分。

2.6.4 日常点检与一般维护

①日常点检内容包括检查设备运行状况，是否有异响、卡滞现象，是否正常下降和上升，出水撇渣浮筒是否水平和泄漏等。

②发生影响出水水质事故时，须立即就地上升滗水器。

③滗水器控制箱应做好防暴晒和通风散热，避免温度太高损坏变频器和 PLC 元件。

④定期进行润滑。

2.6.5　常见故障检查与处理

（1）滗水器电源灯不亮

现场查看控制柜内的电源开关是否跳闸，并告知维修人员进行检修。

（2）故障报警

现场查看故障灯是否点亮，并告知维修人员进行检修。

（3）自动控制方式下不能正常自动开/停

首先应改为现场手动控制方式，启动操作，看能否正常运行。如果运行正常，再改为自动控制方式。在中控室远程手动启动，看能否正常运行，如果能正常运行，则告知维修人员进行检修。

2.6.6　经济运行

根据处理水量和水质状况，灵活调整滗水器行程和频率，尽可能多处理污水。

2.6.7　完好标准

①就地操作正常，下降和上升平稳，无异响或卡顿。

②出水撇渣浮筒无倾斜和泄漏。

③远程操作和按设定周期或液位差自动运行功能正常。

④运行/停止状态指示和故障报警功能正常。

⑤设备外观和控制箱整洁，箱体接地线无变色或断开，无严重锈蚀，柜内接线不杂乱、规范整齐，无灰尘蜘蛛网，无杂物，柜门闭锁正常，现场有电气控制图纸。

⑥设备标识、安全警示标志和安全防护措施齐全、完好无损。

2.6.8　技能要点与现场实训

2.6.8.1　现场认知

①现场认知滗水器运行指示灯、控制按钮位置。

②现场认知滗水器正常运行时声音、振动情况。

③中控电脑上认知滗水器操作按钮位置、颜色，异常情况显示方式等。

2.6.8.2　设备操作

①滗水器控制方式切换、就地开/停操作。

②中控室远程操作。

2.6.8.3 日常点检

①按照点检内容和顺序逐项进行点检练习,填写点检结果。
②编辑及完善点检表(表 2-22)。

表 2-22 滗水器日常点检

巡检项目	点检标准	方法/工具	点检周期	安全注意事项	异常情况	异常处理措施

2.6.8.4 异常处理

①滗水器运行故障报警的检查练习。
②中控报警处理流程,异常情况上报流程模拟演练。

第 3 章　城镇污水处理厂超滤膜处理设备

3.1　超滤膜技术简介

在一种流体相间有一层薄的凝聚相物质，把流体相分隔开来成为两部分，这一薄层物质称为膜。膜本身是均一的一相或由两相以上凝聚物构成的复合体。被膜分开的流体相物质是液体或气体。膜的厚度应在 0.5 mm 以下，否则不能称之为膜。

3.1.1　特性要求

（1）耐压

膜孔径小，要保持高通量就必须施加较高的压力，一般膜操作的压力范围在 0.1～0.5 MPa，反渗透膜的压力更高，为 1～10 MPa。

（2）耐高温

高通量带来的温度升高和清洗的需要。

（3）耐酸碱

防止分离过程以及清洗过程中的水解。

（4）化学相容性

保持膜的稳定性。

（5）生物相容性

防止生物大分子的变性。

3.1.2　种类和功能

超滤膜按孔径大小可分为微滤膜、超滤膜、纳滤膜、反渗透膜；按膜结构可分为对称性膜、不对称膜、复合膜；按材料可分为有机高分子（天然高分子材料膜、合成高分子材料膜）膜、无机材料膜；按分离过程可分为电渗析膜、渗析膜、反渗透膜、渗透膜、气体分离膜、渗透气化膜。

膜的种类和功能对比如表 3-1 所示。

表 3-1 膜的种类和功能对比

膜的种类	膜的功能	分离驱动力	透过物质	截留物质
微滤	多孔膜,用于溶液的微滤、脱除微小粒子	压力差	水、溶剂和溶解物	悬浮物、细菌类、微粒子
超滤	脱除溶液中的胶体、细菌及各类大分子物质	压力差	水、溶剂、离子和小分子	蛋白质、各类酶、细菌、病毒、乳胶、微粒子
反渗透和纳滤	脱除溶液中的盐类及低分子物质	压力差	水、溶剂	无机盐、糖类、氨基酸、BOD、COD 等
电渗析	脱除溶剂中的离子	电位差	离子	无机、有机离子
渗透气化	溶剂中的低分子物质及溶剂间的分离	压力差、浓度差	蒸汽	液体、无机盐、乙醇溶液
气体分离	气体间、气体与蒸汽的分离	浓度差	易透过的气体	不易透过的气体

3.1.3 材料

3.1.3.1 天然高分子材料膜

天然高分子材料膜的主要材料是纤维素的衍生物,如醋酸纤维、硝酸纤维和再生纤维素等。其中,醋酸纤维膜的截盐能力强,常用作反渗透膜,也可用作微滤膜和超滤膜,醋酸纤维膜使用的最高温度和 pH 范围有限,一般使用温度低于 45℃,pH 为 3～8。再生纤维素可制造透析膜和微滤膜。

3.1.3.2 合成高分子材料膜

市售膜的大部分超滤膜为合成高分子膜,种类很多,主要有聚砜膜、聚丙烯腈膜、聚酰亚胺膜、聚酰胺膜、聚烯类膜和含氟聚合物膜等。其中聚砜是最常用的膜材料之一。

聚砜膜的特点是耐高温(一般为 70～80℃,有些可高达 125℃),适用 pH 范围广(pH=1～13),耐氯能力强,可调节孔径范围宽(1～20 nm)。但聚砜膜耐压能力较差,一般平板膜的操作压力权限为 0.5～1.0MPa。聚酰胺膜的耐压能力较强,对温度和 pH 都有很好的稳定性,使用寿命较长,常用于反渗透。

3.1.3.3 无机(多孔)材料膜

无机材料膜的主要材料有陶瓷、微孔玻璃、不锈钢和碳素等。目前实用化的无机材料膜主要有孔径 0.1 μm 以上的微滤膜和截留相对分子质量 10 000 以上的超滤膜,其中以陶瓷材料的微滤膜最为常用。

多孔陶瓷膜主要利用氧化铝、硅胶、氧化锆和钛等陶瓷微粒烧结而成，膜厚方向不对称。

无机材料膜的特点是机械强度高，耐高温、耐化学试剂和耐有机溶剂，但缺点是不易加工，造价较高。另一类无机微滤膜为动态膜（dynamic membrane），是将含水金属氧化物（如氧化锆）等胶体微粒或聚丙烯酸等沉积在陶瓷管等多孔介质表面形成的膜，其中沉积层起筛分作用。动态膜的特点是透过通量大，通过改变 pH 容易形成或除去沉积层，因此清洗比较容易，缺点是稳定性较差。

3.1.4 膜分离技术

3.1.4.1 电渗析分离技术

电渗析是以直流电为推动力，利用阴阳离子交换膜对水中阴阳离子的选择透过性，使一个水体中的离子通过膜迁移到另一个水体中的物质分离过程技术。电渗析器中交替排列着许多阳膜和阴膜，分隔成小水室。当原水进入这些小室时，在直流电场的作用下，溶液中的离子就做定向迁移。阳膜只允许阳离子通过而把阴离子截留下来，阴膜只允许阴离子通过而把阳离子截留下来，结果使这些小室的一部分变成含离子很少的淡水室，出水称为淡水，而与淡水室相邻的小室则变成聚集大量离子的浓水室，出水称为浓水，从而使离子得到了分离和浓缩，水也得到了净化。电渗析工作原理如图 3-1 所示。

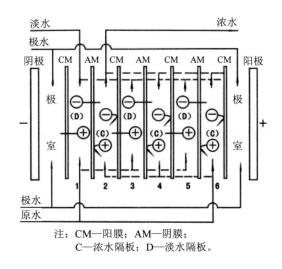

注：CM—阳膜；AM—阴膜；
C—浓水隔板；D—淡水隔板。

图 3-1 电渗析工作原理

(1) 电渗析分离技术优点
① 不需要消耗化学药品。
② 设备简单、操作方便。
③ 可以同时对电解质水溶液起淡化、浓缩、分离、提纯作用,无相变过程。
④ 工作介质不需要再生。
(2) 电渗析分离技术的缺点
① 对于水中的有机物不能去除。
② 有些高价离子和有机物会污染膜。
③ 易发生浓差极化而结垢。
④ 与反渗透相比,脱盐率相对较低。

3.1.4.2 微滤、超滤、纳滤、反渗透膜分离技术

(1) 微滤(MF)

微滤是以静压差为推动力(操作压力 0.7~7 kPa),利用筛网状过滤介质膜的"筛分"作用进行分离的膜过程,其原理与普通过滤类似,但过滤的微粒在 0.03~15 μm,也称为精细过滤。

(2) 超滤(UF)

超滤是以压力为推动力,利用超滤膜不同孔径对液体中的杂质进行分离的过程。超滤膜的孔径在 0.005~1 μm。在超滤过程中,水溶液在压力推动下,流经膜表面,小于膜孔的溶剂(水)及小分子溶质透水膜,成为净化液(滤清液),比膜孔大的溶质及溶质集团被截留,随水流排出,成为浓缩液。超滤过程为动态过滤,分离是在流动状态下完成的。溶质仅在膜表面有限沉积,超滤速率衰减到一定程度而趋于平衡,且通过清洗可以恢复。

(3) 纳滤(NF)

纳滤是介于反渗透和超滤之间的膜分离技术,适用于分离摩尔质量在 200 g/mol 以上、分子粒径为 1 nm 的溶解组分的膜工艺,有时也称为低压反渗透。纳滤膜对离子具有选择性,电价为一价正负离子很容易通过纳滤膜,而二价以上的正负离子则基本不能通过。

(4) 反渗透(RO)

反渗透是利用反渗透膜的只能够透过水而不能透过溶质的选择透过性,以浓水侧大于渗透压的操作压力为推动力,从某一水体中提取纯水的分离技术。

以上 4 种膜分离技术分离的物质类型和大小效果如图 3-2 所示。

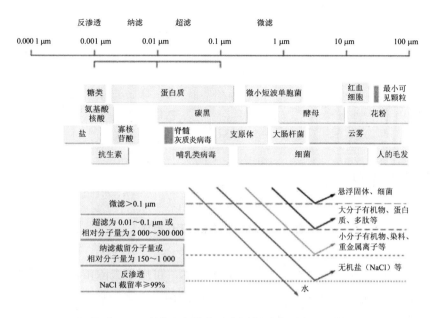

图 3-2　4 种膜分离技术分离的物质类型和大小效果

3.1.4.3　超滤膜分离技术

超滤膜分离技术作为 21 世纪六大高新技术之一,以其常温、低压操作、无相变、能耗低等显著特点成为一种分离过程的标准,在欧美等发达国家和地区得到了广泛的使用。我国对超滤膜分离技术的开发也非常重视,曾将超滤膜分离技术作为国家"七五"和"八五"时期的重点科技攻关项目,投入了大量的资金和人力,开展专项科技攻关项目,使我国的超滤技术水平迅速提高。在《"十五"国家火炬计划重点支持的技术领域》中将超滤膜分离技术列为火炬计划重点支持的六大高新技术领域中重点鼓励发展的产业,进一步推进了国内超滤膜技术的发展和应用。随着制膜技术的发展和生产规模化,使超滤膜的性能更加稳定,制膜成本大为降低,目前在饮用水净化、工业用水处理、饮料、生物、食品、医药、环保等许多方面得到广泛应用。

（1）超滤膜过滤原理

超滤是一种与膜孔径大小相关的筛分过程,以膜两侧的压力差为驱动力,以超滤膜为过滤介质,在一定的压力下,当原液流过膜表面时,超滤膜表面密布的许多细小的微孔只允许水及小分子物质通过,成为透过液,而原液中体积大于膜表面微孔径的物质则被截留在膜的进液侧,成为浓缩液,从而实现对原液的净化、分离和浓缩的目的。超滤膜过滤的工作原理如图 3-3 所示。

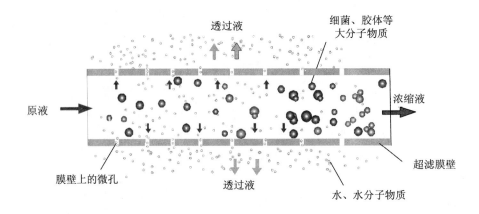

图 3-3 超滤膜过滤的工作原理

超滤是一种以膜两侧压力为动力的膜分离技术，可用于去除溶液（如水）中的颗粒物。超滤膜特有的 0.005~1 μm 孔径能有效去除细菌、大多数病毒、胶体以及污泥。膜孔径越小，去除率越高。大部分用来制造超滤膜的材质是疏水性聚合材质，如聚砜（PS）、聚醚砜（PES）、聚丙烯（PP）或者聚偏氟乙烯（PVDF）。使用压力通常为 0.01~0.03 MPa，筛分孔径为 0.005~1 μm，截留分子量为 1 000~500 000。

（2）超滤过滤精度

超滤过程中起分离作用的是膜丝上的多孔致密皮层，一般以致密皮层上微孔径的大小和孔径的分布来衡量膜的分离透过性能。

1）截留率与切割分子量

膜丝上微孔的形状和大小并非完全一致的，常使用截留率（R）和切割分子量（MWCO）两个参数共同来衡量膜的性能。截留率是指溶液中被截留的特定溶质的浓度所占溶液中特定溶质浓度的比率。当90%的溶质被膜截留时，在截留曲线上所对应的该溶质的最小相对分子质量即为该膜的切割分子量。超滤膜的孔径为 0.002~0.1 μm，其对应的切割分子量为 1 000~500 000。

$$R=(1-CP/CF)\times100\% \tag{3-1}$$

式中：R——截留率；

　　　CP——透过液特定溶质的浓度；

　　　CF——原溶液特定溶质的浓度。

2）孔径的分布

具有相同切割分子量的超滤膜因膜丝上孔径大小分布的不同，其分离的效果也会有所差异，通常使用泡压法（即在一定的气压下测定通过膜孔的气体的流速）来测定超滤膜的孔径分布。超滤膜上的孔径大小应均匀一致，孔径分布曲线越窄，截留性能越敏锐，选择性越好。

（3）结构

超滤膜分为板框式（板式）超滤膜、卷式超滤膜、管式超滤膜、中空纤维式超滤膜等多种结构。不同结构的超滤膜有着不同的特点，比较常用的是管式超滤膜和中空纤维式超滤膜。各种膜结构的性能特点对比如表3-2所示。

表3-2 几种超滤膜的性能特点对比

项目	卷式超滤膜	中空纤维式超滤膜	管式超滤膜	板框式超滤膜
填充密度/（m^2/m^3）	200～800	1 200	60	30～500
组件结构	复杂	复杂	简单	很复杂
膜更换方式	组件	组件	膜或组件	膜
膜更换成本	较高	较高	中	低
料液预处理	高	较高	低	低
抗污染性	中等	一般	非常好	中等
清洗效果	一般至难	易	优	良
工程放大难易	中	易	易	难
能耗	低	低	高	中
投资	较低	低	高	较高

1）板框式超滤膜

板框式结构是较早推出的一种结构形式，膜和板有多种形状，如圆形、椭圆形、多边形及方形。无论哪一种形状，用的膜都是平板膜。组件中膜、支撑材料及料液流道的空间和两个端重叠压紧在一起，料液是由进料空间引入膜面。该膜组件结构紧凑、简单、牢固，比起其他膜结构更能够承受高压，但是使用成本较高，流动状态不良，浓差极化更加严重，引发膜元件堵塞，不易清洗，使膜的堆积密度变小。

2）卷式超滤膜

卷式超滤膜由数张膜卷在中央集水管上并装入外壳。其中膜片包含进水流道（粗网）和出水流道（细网）。膜的堆积密度大，结构紧凑，价格低廉，但是制作工艺和技术较为复杂，密封较困难，易堵塞，不容易清洗，不能在高压力作用下操作。卷式超滤膜如图3-4所示。

图3-4 卷式超滤膜

3）管式超滤膜

管式超滤膜孔径一般为 0.01～0.1 μm，可有效去除细菌、大多数病毒、胶体和污泥。管式超滤膜结构又分为对称和不对称两种。前者是各向同性的，没有皮层，各个方向的孔都相同，属于深度过滤；后者具有致密的皮层和以指状结构为主的底层，其表面厚度小于 0.1 μm，它具有规则的微孔，底层的厚度为 200～250 μm，属于表面过滤。管式超滤膜容易清洗和更换，在原水状态好的情况下，压力损失较小，抗高压能力强，能够有效处理含有悬浮物、黏度高和容易堵塞管路的固体污染物质。管式超滤膜如图 3-5 所示。

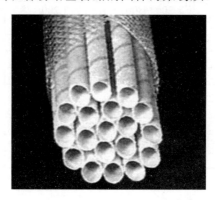

图 3-5　管式超滤膜

4）中空纤维式超滤膜

中空纤维式超滤膜是超滤技术中最为成熟与先进的一种。中空纤维外径为 0.4～2.0 mm，内径为 0.3～1.4 mm，中空纤维管壁上布满微孔，切割分子量可达几千至几十万。中空纤维膜外形为纤维状，具有自支撑作用。中空纤维膜是以聚砜、二甲基乙酰胺为原料加工而成的中空内腔的纤维丝，具有选择性渗透特性。由于水蒸气、氢、氨和二氧化碳渗透较快，而甲烷、氮、氩、氧和一氧化碳等渗透较慢，这样就使渗透快的与渗透慢的物质分离。中空纤维丝是将纤维束装入耐高压的金属壳体内，纤维束一端被密封，另一端用特殊配方的环氧树脂黏结在一起。中空纤维式超滤膜如图 3-6 所示。

中空纤维式超滤膜的安装形式一般分为浸没式和外置式两种。浸没式一般为负压运行，运行通量很小，但因为非带压运行，耐污能力很强，结合生物处理的膜生物反应器，从而得到大量推广。外置式一般为正压运行，采用管式膜组件集中处理，占地面积小，运行通量大，应用于大规模污水处理。浸没式和外置式的中空纤维式超滤膜安装如图 3-7 所示。

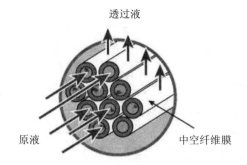

图 3-6　中空纤维式超滤膜

图 3-7　浸没式（左）和外置式（右）中空纤维式超滤膜安装

3.1.5　超滤膜组件

由膜、固定膜的支撑材料、间隔物或外壳等组装而成的一个单元称为膜组件，单个膜组件或多个膜组件都可以组装成膜分离装置。一般情况下，板框式和卷式超滤膜使用平板膜组件，管式、中空纤维式和管式超滤膜使用管式膜组件。

3.1.6　超滤膜操作形式

超滤膜按照运行操作形式可以分为内压式和外压式两种。

3.1.6.1　内压式超滤膜

原液先从膜丝内孔进入，经压力差驱动，沿径向由内向外渗透到中空纤维成为透过液，此为内压式过滤。内压式过滤可以使用高压、大流量的水冲洗，使冲洗水流与膜孔成切向方向快速流过，从而可以将吸附在膜内孔表面上的污染物冲去，恢复膜的水通量。

内压式超滤膜过滤流程如图 3-8 所示。

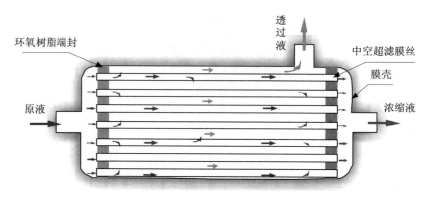

图 3-8　内压式超滤膜过滤流程

3.1.6.2　外压式超滤膜

原液经压力差驱动沿径向由外向内渗透到中空纤维膜丝成为透过液，而截留的物质汇集在膜丝的外部时为外压式过滤。外压式超滤膜密封在膜壳内，水流的死角多，无法使用快速直冲的方法清除膜表面附着的污染物，因而不能完全去污。外压式超滤膜过滤流程如图 3-9 所示。

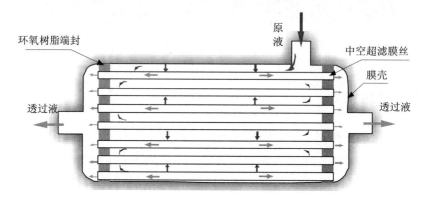

图 3-9　外压式超滤膜过滤流程

3.1.7　超滤膜过滤运行模式

按照过滤运行模式，主要有死端过滤和错流过滤两种模式。

3.1.7.1　死端过滤

在死端过滤下（也称"全流过滤"），料液中的溶剂、水分子以及小于膜孔的溶质全部透过超滤膜,大于膜孔的颗粒被截留,无浓缩液流出,而被截留的颗粒通常堆积在膜表面上,所以随运行时间的增加,膜表面截留的颗粒不断增加,造成过滤阻力增大,产水量下降、压力上升,此时需要停下来清洗膜表面的污染层或者更换膜。当原液中被分离的物质浓度很低时(通常固含量低于 0.1%),为了降低能耗,通常采用死端过滤。死端过滤模式如图 3-10 所示。

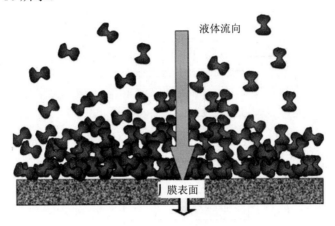

图 3-10　死端过滤模式

3.1.7.2　错流过滤

在错流过滤下,有一部分浓缩液从超滤膜的另一端排放,与死端过滤不同的是,料液流经膜表面时产生的剪切力会把膜表面上滞留的颗粒带走,从而使污染层保持在一个较薄的水平,提高了膜的过滤性能,保持膜的通量持续稳定,延长膜的使用寿命,为降低操作费用提供了可靠的保障。错流过滤适合于当原液中被截留的物质浓度很高时(通常固含量高于 0.5%)。错流过滤模式如图 3-11 所示。

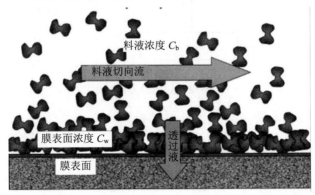

图 3-11　错流过滤模式

3.2 超滤膜工艺系统

超滤膜过滤工艺系统基于膜分离原理,利用模块化的结构设计,由原水提升泵、加药混凝装置、超滤装置、清洗系统、空气动力系统等组成。超滤膜工艺系统如图 3-12 所示。

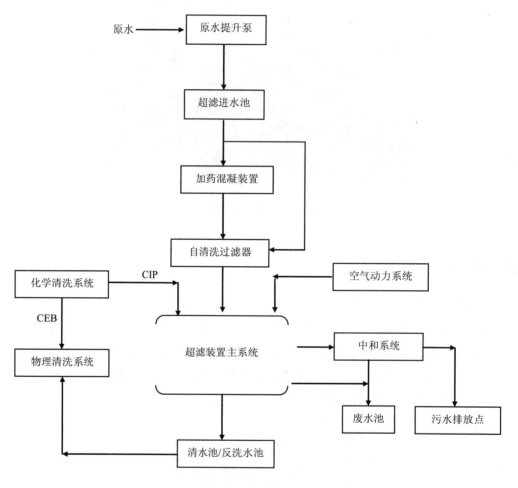

图 3-12 超滤膜工艺系统

3.2.1 超滤膜工艺系统简介

3.2.1.1 超滤膜工艺流程

应用超滤膜工艺系统时,原水提升泵将原水提升加压,经加压后水送至超滤自清洗过滤器，其中大于 300 μm 的悬浮颗粒得到去除，同时也保护超滤膜元件端口不会受到大颗粒物质的擦伤而损坏。自清洗过滤器在经过一段时间的过滤后，需要进行定时反洗。经自清洗过滤器过滤后的带压水进入超滤膜组件，由于超滤膜本身的特性，大部分的细菌、藻类、胶体物质和微小的颗粒物质（大于 0.02 μm）被截留在膜的表面，水及水溶性的物质透过膜孔，水质在膜系统中得到净化。过滤一定时间后，在膜的表面会沉积一层污染层，需要对膜元件进行反洗，反洗水泵将超滤出水提升加压后由超滤出水管进入系统，带压反洗水将膜表面的污染物冲洗出系统，膜元件的通量得以恢复。

由于水中含有各种细菌、有机物、无机物等，仅用清水进行反洗并不能完全恢复膜通量，所以，当膜元件过滤一定时间后，需要对膜进行化学加强反洗，膜的化学反洗有维护性清洗（enhanced flux maintenance，EFM）和恢复性清洗（clean in place，CIP）两种模式，EFM 为日常清洗，采用时间控制，当某组膜池达到清洗周期时自动进行 EFM，可以采用次氯酸钠、氢氧化钠、柠檬酸或盐酸进行清洗；当某组膜池跨膜阻力上升到一定程度或膜透水性能下降明显时，可以手动启动 CIP。EFM 通过药液浸泡和反冲洗恢复膜的透水性能。水反洗后的废水可直接送至厂区回水管网，返回至前端处理单元。

3.2.1.2 预处理系统

预处理系统是指原液在进入超滤装置之前去除各种有害杂质的工艺过程及设备。预处理工艺是根据原液情况及处理要求来确定的，没有固定模式，下述选择原则可供参考：

①地下水及含悬浮物、胶体物质小于 50 mg/L 时宜采用直接过滤或者在管道中加入絮凝剂过滤。

②地面水及含悬浮物、胶体物质大于 50 mg/L 应采用混凝沉淀、过滤工艺。

③当原水中含有细菌、藻类及其他微生物较多时，必须先行杀菌，然后再按常规程序处理，灭菌剂有氯、次氯酸钠、臭氧等，而过氧化氢、高锰酸钾等多用清洗组件时用来杀菌，因为预处理用量大，不经济。

④原水经杀菌剂处理后，如果水中含有较多的余氯或其他强氧化剂，可加入亚硫酸钠等还原剂或者活性炭吸附去除。

⑤在超滤和砂滤器、多介质过滤器或活性炭过滤器与超滤之间，非常有必要安装 100 μm 丝网过滤器，以有效避免颗粒物质对超滤膜的划伤。

3.2.1.3 膜产水泵

增压泵超滤膜以压力差为推动力进行过滤，当原水的水压不能满足过滤需求时，系统需要增加泵加压，以实现超滤膜分离作用，由于超滤膜的工作压力较低，一般小于 0.7 MPa，故在系统设计时，一般选用离心泵，选择离心泵的主要依据是扬程、流量、泵体材质，其次是泵的体积、外观造型和价格等。

（1）扬程和流量的选择

根据超滤系统设计中所需要的进水工作压力、跨膜压差和通水流量来选择泵的扬程和流量。一般选择水泵的扬程和流量应当等于或略大于设计工作压力和供水量，以满足超滤系统的正常运行。

（2）泵体材质的选择

根据原水的水质情况来选择合适的泵体材质以减少投资成本，其材质不能与原水中的成分产生任何反应，也不能有溶解现象。当原水的 pH 为 6.5～8.5 时，可选用铸铁泵体；当原水为海水时，应选耐海水腐蚀的塑料泵体；而医药和食品工业水处理一般选择不锈钢泵体。

（3）减压阀的选择

当原水水压大于系统设计水压时，要对原水进行减压。一般采用可减静压的减压阀来实现，减压阀减压的精度视超滤系统而定。另根据原水的水质选择适合的减压阀，一般可选的材质为铜、不锈钢、铁、塑胶。

3.2.1.4　反冲洗系统

一般物理清洗分为等压冲洗和反冲洗。等压冲洗时关闭产水阀，全开浓水阀，使原水以快于正常工作状态时的流速冲刷膜表面，去除污垢。反冲洗时关闭原水阀，采用循环泵，将净水箱中的水从产水口打入膜组件，使净水按正常过滤的反方向透过膜，冲刷掉膜表面的污染物，并使其从浓水口排出，反冲洗后，马上进行等压冲洗，能更有效地将被截留的污染物排出。为了加强清洗效果，顺冲时，可采用气水混合液进行冲洗。

3.2.1.5　EFM 系统

EFM 系统主要由配药箱、净水箱、循环泵组成，采用气水混合清洗的系统还包括空压机。该系统是用循环泵将配药箱内的清洗液送入超滤系统，进行循环清洗和浸泡，靠化学药品的作用去除膜表面的污垢，以恢复膜的产水能力，维持设计流量要求。化学清洗泵一般选择耐化学药剂的泵体。

3.2.1.6　CIP 系统

当某组膜池跨膜阻力上升到一定程度或膜透水性能下降明显时，可以手动启动 CIP；或当采用维护性清洗无法恢复膜的通量时，可采用 CIP，CIP 系统主要由化学清洗水箱、化学清洗泵、加热器和过滤器组成。CIP 采用"浸泡+循环清洗"的方式。

3.2.1.7 自动化计量、监控和仪表

计量水流量采用流量计来计量，流量计有转子（玻璃浮子）流量计、浮子流量计、电磁流量计、挣针式流量计等。目前在超滤系统中大多采用转子流量计，主要优点是显示直观，价格低。1 台超滤系统最少需要设置 2 个流量计以便观察，一个是产水流量计，另一个是浓水流量计或原水进水流量计。流量计规格的选择根据系统的流量大小而定，浮子流量计通常选用的量程为 1.5~2 倍的实际最大测量流量。

监控系统及仪表超滤系统在运行时，必须严格按照设计参数进行操作，这需要根据系统的相关参数进行监控，其中主要的监控项目是水质、流量、压力，可以手动操作，也可采用仪表和可编程控制器对系统进行自动控制。

对水质的监控可采用水质监测仪进行，对水压的监控可采用压力开关和压力表进行，对流量的控制可采用电子流量计进行监测，并将监测信号反馈到 PLC 中，然后来控制泵、阀门及清洗系统，从而实现系统的自动化。

3.2.2 超滤工艺运行监控

3.2.2.1 预处理单元工艺运行监控

（1）自清洗过滤器

正常原水条件下，超滤原水直接进入自清洗过滤器（过滤精度为 100 μm），过滤去除水中大于 100 μm 的颗粒状杂质，避免杂质可能对膜造成的损伤。进入过滤器的水流由下而上通过滤芯向外流动，滤后水由过滤器上部排出，固体杂质被截留在滤芯内侧。当收到压差冲洗信号时，滤芯自动进行冲洗，无须断流。根据实际情况，按照一定周期对自清洗过滤器拆解分体，进行人工清洗。

（2）微絮凝系统

加药微絮凝不仅可以对处理过程产生积极的影响，也可以提高水中溶解物质（如有机物、离子等）的去除率，因此可获得比单纯的超滤过程更好的水质。另外微絮凝还可以减少膜的反洗和化学加强反洗的频率，提高整个系统的效率和产水率，微絮凝工艺中主体设备为絮凝剂（PAC）加药系统。一般加药量控制在 5~7 mg/L（液体 PAC 有效含量为 10%）。

3.2.2.2 超滤膜膜组件单元工艺运行监控

超滤装置主系统是超滤工艺的核心部分，主要用于去除水中的细菌、藻类、胶体及悬浮颗粒等物质。一般采用的超滤运行方式为全流过滤。采用全流过滤方式大大节约了

运行能耗，典型的过滤压差是 0.1~0.8 bar，最高不能超过 1.5 bar。

当季节性温度变化或其他因素引起水温变化时，膜本身的热胀冷缩和水黏度的变化，对膜操作条件有一定的影响。一般来说，温度升高，透膜压差（TMP）降低，温度降低，透膜压差增加。通常超滤产水泵会设置变频器，同时在每组超滤装置前设置进水流量调节阀，使温度变化在一定范围时，可通过超滤提升泵变频或调节阀门，增加透膜压差保持恒定的膜通量（即恒定的产水量）。

一般将最大过滤水量时的跨膜压差控制在 0.3 bar 左右，在运行过程中超过此跨膜压差时需检查 PAC 加药是否正常。其具体故障分析及处理方法在后文将有详细叙述。

3.2.2.3　超滤反洗系统工艺运行监控

超滤在运行一段时间后，会在膜的表面形成一层污染层，所以超滤需按一定的周期（可根据运行情况调整）、以膜装置为单位依次自动进行反洗，去除被截流的悬浮物、胶体和大颗粒物质等，以恢复膜的水通量，维持膜的正常产水能力。在反洗过程中，由反洗水泵从超滤水池内将水由超滤膜组件的清水出口反向泵入中空纤维膜内进行清洗。

超滤反洗系统主要由反洗水池和反洗水泵（每次运行开启 2 台）构成，反洗水泵变频恒流（不得低于处理流量 40%），反洗水泵出口压力达到 45 kg/cm² ①，才能保证反洗的效果，若压力达不到要求，需检查反洗水泵出口的止回阀或过滤器，反洗水水质须达到或优于超滤产水，且反洗管路中必须有精度 5 μm 的过滤器。

3.2.2.4　维护性化学清洗流程监控

超滤系统运行一段时间后，不能通过反洗去除膜表面的污染物，需要采用化学清洗以恢复超滤的产水能力，去除膜上黏附的细菌、藻类等生物体，水垢和有机物等。

在超滤的运行过程中，当透膜压差上升到设定值或累计运行时间达到设定值时，将启动超滤化学加强反洗（CEB）。CEB 主要由超滤反洗水泵和 CEB 加药系统组成。

在正常情况下超滤膜的清洗采用 CEB 操作模式（一般情况下单组膜每运行过滤 40 个周期后进行一次 CEB 药洗），只要系统在设计条件下工作，超滤膜化学清洗以此种方式为主，其他的清洗方式为辅。

CEB 主要工艺流程为：在用超滤产水进行反洗的同时，一般采用 0.5%的 NaOH+200 ppm ② NaClO 配比调配反洗水，其 pH=12，然后用该清洗液浸泡 4 200 s（时间可根据实际情况做调整），再进行一次水反洗。然后将盐酸或柠檬酸（酸洗），按照 pH=2 调配反洗水，用该清洗液浸泡 1 200 s（时间可根据实际情况做调整），再进行一次水反洗。

---

① 1 kg/cm²=0.1 MPa。
② 1ppm=10⁻⁶。

3.2.2.5 恢复性化学清洗流程监控

在正常的操作和设计条件下，超滤膜系统是不需要进行离线化学清洗的。在超滤的运行过程中，当采用维护性清洗无法恢复膜的通量时，可采用恢复性清洗，恢复性清洗系统主要由化学清洗水箱、化学清洗泵、加热器和过滤器组成。恢复性清洗采用"浸泡+循环"清洗的方式。

由于污染物是在膜的进水侧形成的，所以 CIP 过程中化学清洗剂应该一直在 UF 系统的进水侧流动。在循环过程中，需要防止污染物或有害物质进入产水侧。在很多案例中，最佳的清洗效果来自 CIP 过程中采用错流过滤模式。这就意味着大部分的化学清洗剂夹杂着所有的污染物能够流过浓水侧而仅有少部分的化学清洗剂通过膜进入产水侧。然而，有部分情况下通过死端过滤也能达到很好的 CIP 效果，在这种模式下，CIP 溶液被强制通过膜，全部的 CIP 溶液夹带着污染物离开膜面进入产水侧。这种模式应用的前提是污染物必须能够全部溶解在 CIP 溶液中。

为了最大限度地实现操作灵活性，UF 系统的进水、浓水和产水管上必须安装手动 CIP 阀，以得到正确的化学清洗剂在管内的流向及达到更好的 CIP 效果。

通常来讲，CIP 过程分为碱性清洗和酸性清洗两种。碱性清洗主要应对有机物、微生物和胶体污染；酸性清洗主要应对金属离子、垢类污染。清洗前应首先分析污染物类型，再确定清洗方案。当污染物类型较为复杂，需分别做酸碱性清洗时，通常先做碱性清洗，再做酸性清洗。

配制碱性清洗液时，通常使用 NaClO+NaOH 两种药剂复合配置，其中 NaClO 配制用量应≤450 ppm，同时使用 NaOH 调节清洗液 pH 在 12~13，清洗液温度应控制在 25~35℃。配制酸性清洗液时，通常使用 HCl，调节清洗液 pH 在 1~2；当使用柠檬酸时，使用量为 0.2%（wt），同时使用 HCl 调节 pH 在 1~2；清洗液温度应控制在 25~35℃。

每次系统注药完成后，在产水侧取样口取样，并检测 pH 和余氯浓度，pH 在 2~13，余氯在 120~200 ppm，如果超过限值则启动反洗，则排出药液混合液。化学清洗后检测产水 pH/余氯比色情况如图 3-13 所示。

 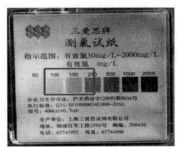

图 3-13 化学清洗后检测产水的 pH/余氯比色情况

3.2.3 超滤系统的安全运行操作

3.2.3.1 运行前的准备工作

(1) 进水水质的检查

进水水质重点检查进水的浊度、SDI 值、pH 和细菌、微生物、余氯等项目，达到设计要求的进水指标后方可输入超滤系统。一般中空纤维超滤膜要求原水的浊度<0.1 NTU，SDI<2；原水的 pH 并无严格要求，2~11 均可使用，但用于工业浓缩时，原液的 pH 必须严格根据膜材料的要求；超滤膜对余氯要求也无严格规定，一般情况下，要求含有一定余氯以保证细菌不超标。当后续工艺对余氯有要求时，可在超滤工艺之后用活性炭去除，效果更佳。

(2) 清洗设备及管道

超滤系统组装完成后，在启动之前还必须对系统中所有过流部分进行清洗，一方面清洗掉设备及管道中的碎屑及其他有害杂质，另一方面对系统进行严格的灭菌，以免残留的细菌、微生物在管道及超滤膜组件中滋长。一般常采用分段清洗法，即按照工艺流程路线由前往后、按设备和管路分段清洗，以保证设备安全运行。

(3) 管路系统检查

操作人员必须掌握工艺流程路线，检查各有关设备和管路是否误接，同时还要检查进、出口阀门的启闭情况，特别是要注意浓缩水出口阀门不能全部关闭及进口阀门不能开启的情况，以防止系统在封闭状态下，突然启动引起系统内压力过高以及水流冲击作用而损坏设备。

3.2.3.2 启动

当做完上述各项准备工作后，可先进行试启动，即接通电源，打开进水阀门，开动泵后立即停止，观察水泵叶轮转动方向是否正确，检查水泵在启动时有无反常的噪声产生，以判断水泵是否能正常运行。对于全自动的控制装置，必须预先设置操作程序，以便启动后进入正常顺序运行。

3.2.3.3 过滤运行

(1) 开启

升压泵转动后，逐渐打开超滤系统的进水阀门，相应调节浓缩水出口阀门使系统升压及保持浓缩水的流动。通常情况下，应当缓慢转动阀门，大约在 1 min 内升至所需的工作压力，有利于对设备及膜的保护。

（2）监控及记录

注意超滤设备进出口压力差的变化，进口压力应按设计值操作，但随着运行时间的延长，出口处压力会逐渐降低，即压力差会逐渐增大，当这一压力差高于安装始值 0.05 MPa 时，说明水路有阻塞现象，应当采取相应措施（物理或化学方法）进行清洗。运行中定时分析供水水质和超滤水水质，发现有突然变化现象时，应立即采取措施。当进水水质不合格时，应加强预处理工艺。透过水不合格时，应当进行清洗再生，处理后仍不见效果，则应考虑更换新的膜组件。

（3）回收比及其调节

错流过滤模式的超滤系统运行中观察浓缩水的排放量及透水量，始终保持在允许的回收比范围内运行。回收比过大或过小，对超滤膜的正常运行都是不利的。因为回收比大，极易产生膜的浓度极化现象，影响产水质量；而回收比过小，则流速过大，也会促进膜的衰退，压力降增大影响产水量。回收比的具体调节方法如下：①浓缩水排放量偏小（即回收比偏大）可微微开启浓缩水出口阀。如果因此而导致工作压力下降或产水量不足，则需适当开启进水阀门，即增加泵的供水量。②若浓缩水排放量偏大（即回收比偏小），可微微半闭浓缩水出口阀。如果由此而引起工作压力上升，则应该适当关小进水阀门，即降低泵的供水量。

3.2.3.4　清洗

判断超滤膜是否需要清洗的原则如下：

（1）根据超滤装置进出口压力降的变化

多数情况下，压力降超过初始值 0.05 MPa 时，说明流体阻力已经明显增大，作为日常管理可采用等压大流量冲洗法冲洗，如无效，再选用化学清洗法。

（2）根据透水量或透水质量的变化

当超滤系统的透过水量或透水质量下降到不可接受程度时，说明透过水流路被阻，或者因浓度极化现象而影响了膜的分离性能。此种情况，多采用物理、化学相结合清洗法，即进行物理方法快速冲洗去大量污染物质，然后再用化学方法清洗，以节约化学药品。

（3）定时清洗

运行中的超滤系统根据膜被污染的规律，可采用周期性的定时清洗。可以是手动清洗。对于工业大型装置，则宜通过自动控制系统按顺序设定时间定时进行清洗。

（4）定期灭菌

细菌与其他微生物被膜截留，不但繁殖速度极快，且这些原生物及其代谢物质形成一种黏滑的污染物质紧紧附着于膜表面上，会直接影响膜的透水能力和透过水质量。一般采用定期灭菌的方法，灭菌的操作周期因供给原水的水质情况而定。对于城市普通自来水而言，夏季 7～10 d，冬季 30～40 d，春秋季 20～30 d。地表水作为供给水源时，灭菌周期更短。灭菌药品可用 500～1 000 mg/L 次氯酸钠溶液或 1%过氧化氢水溶液循环流或浸泡约 0.5 h 即可。

3.2.3.5 停机

（1）先降压后停机

当完成运行任务或者由于其他原因需要停机时，可慢慢开启浓缩水出口阀门，使系统压力徐徐下降到最低点再切断电源。因为在工作状态下如果突然停泵，容易产生水锤现象而伤害超滤膜。降压速度约在 1 min 内完成。

（2）用纯水或超滤后的净水冲洗膜表面

利用运转水泵或者辅助的清洗水泵，采用大流量冲洗 3～5 min，以清除掉沉积于膜表面上的大量污垢，在冲洗过程中，系统内不升压，不引出透过水。

（3）停机期间需进行维护与保养

如果停机时间仅 2～3 d，可每天运行 30～60 min，用新鲜水置换出装置内存留的水。如果停机时间较长，应向装置内注入保护液，如 0.5%～1.0%甲醛水溶液，以防止细菌繁殖。

3.2.4 日常点检与一般维护

3.2.4.1 日常检查内容

①做好膜组及配套设备设施日常运行参数记录，包括进水管和各膜组进出水压力、流量、浊度、反冲洗流量、中和管路 ORP 和 pH、反冲洗水池和中和池液位等数据，检查运行数据变化是否正常，以及须定期校验各种仪器仪表的，确保数据准确可靠。

②巡检注意水泵运行工况（声音和振动）是否正常，发现异常及时停机报修处理。

③密切关注各加药装置相关管道是否存在"跑冒滴漏"现象，如有，及时修复或更换。

3.2.4.2 一般维护内容

（1）日常维护要求

必须坚持记录每日工作记录表，内容包括总体运行情况（压力、流量、设备数据显示，如 pH、电导率等）和日常或特别维护（更换过滤器滤芯、清洗等）。根据实际需要及时清洗设备；根据水泵操作和维护手册，更换水泵中的润滑油；仪器仪表定期校验。

（2）停机维护

超滤系统停机时一般进行下述停机程序。请注意此停机程序只是防止一般微生物滋生的常规保护程序。膜在任何时候都要保持湿润，在停机期间，膜元件一定要防止冰冻和/或直接暴露在阳光下。

1) 短期停机 (小于 24 h)

可以使用超滤产水（或质量更好的水）对其进行一次常规反洗，开机启动前需执行一次常规反洗程序检测。

2) 中期停机 (1～7 d)

每天要用超滤产水（或更好质量的水）进行一次常规反洗，开机启动前执行一次常规 CEB 程序检测。

压力容器（膜壳）外部存储，超滤膜可以存储在膜壳内部，也可以存储在膜壳外部，最长可达 7 d。首先地面上放置一个方槽形存储容器，内部设置一略微凸起的平台，将膜元件竖直放置在平台上，平台与存储容器底部之间充满 5 ppm 的次氯酸钠溶液。每个膜元件的顶端覆盖一个黄色的"端盖"。每隔 24 h 移开每个膜元件的上部端盖，将 5 ppm 的次氯酸钠溶液注到膜元件顶端，直到新注的次氯酸钠溶液置换了膜元件内的溶液后，再把膜元件的上端盖重新盖上。每隔 3 d 更换存储容器里的次氯酸钠溶液。膜元件装入膜壳后，在开机启动前执行一次常规 CEB 程序检测。

3) 长期停机 (大于 7 d)

首先超滤系统应该进行一次常规 CEB，以彻底清洗；然后进行反洗，反洗水中加入焦亚硫酸钠，浓度为 0.5%，或亚硫酸氢钠，浓度为 1%，要使焦亚硫酸钠或亚硫酸氢钠溶液完全冲进膜内，替换膜内的水；焦亚硫酸钠或亚硫酸氢钠溶液每隔 30 d 更换一次。但开机启动前执行一次常规 CEB 程序检测。

3.2.5 常见故障检查与处理

3.2.5.1 常见的膜污染形式

在实际的工程运行中，膜污染是影响膜使用的主要因素，所以应尽量避免。常见的导致膜污染的因素及表现形式有：

(1) 有机污染和生物污染

是膜处理尤其是在中水回用或微污染地表水作为膜处理进水中最常见的膜污染形式。对超滤的影响体现在压差快速上升，会影响超滤的过滤周期数。生物污染能通过次氯酸钠和氢氧化钠的清洗快速恢复。生物污染对膜性能影响较小。

(2) 胶体及颗粒物等在膜表面的沉积

是由于预处理的不合格，造成胶体及颗粒物在膜表面沉积。在线监测仪表通常采用浊度计来监测。

(3) 氧化物沉积

通常是由于铁、锰等氧化物污染物造成的，对于超滤通常由于超滤前的预处理不合格导致氧化物污染。

（4）膜表面结垢

是膜运用中常见的污染形式，通常是由于水中的离子浓度超过其溶解度造成在膜表面结垢。常见的形式有氟、磷等与钙的沉积物结垢，以及碳酸盐结垢等。对超滤而言，通常膜表面结垢并不常见，仅在一些水质管理不好的地方可能发生，这些通常是由排入高浓度的反渗透浓水或浓缩后的废水造成的。

3.2.5.2 系统运行常见异常、故障分析及解决措施

膜系统常见故障、原因分析和解决措施如表 3-3 所示。

表 3-3 膜系统常见故障、原因分析和解决措施

故障现象	故障原因分析	解决措施
低进水流量或进水压力	进水泵故障	检测进水泵工作情况，增加进水泵工作压力
	进水阀门故障	检查进水阀门，调整阀门开启度，如有需要更换
	预过滤器堵塞	清洗预处理过滤器，更换滤芯等
高进水流量及进水压力	进水泵 PLC 控制发生故障	检查和调整 PLC 控制
	进水泵故障	检测进水泵工作情况，降低进水泵工作压力
	进水压力表发生故障	检查和校准进水压力表，如需要更换
	进水阀门故障	调整合适的阀门开启度
高跨膜压力或膜压力增加过快	膜污染或堵塞	确定污染或者堵塞性质，用适当的化学试剂进行化学清洗
	产水流量过高	调整进水流量
	进水水质恶化	检查进水水质，增加预处理措施，增加反洗频率等
高产水浊度	有空气进入浊度仪	将空气驱出，并查明空气如何进水浊度仪
	膜丝破损	膜完整性检测，修复破损膜丝
低产水流量	流量器故障	检测和校准流量计
	膜污染和膜堵塞	确定污染和堵塞性质，用适当的化学试剂进行化学清洗
	进水压力过低	检查进水泵和进水阀门的工作情况，做出适当的调整
	高产水返回压力故障	检查产水管线上是否有任何淤堵
较低的气冲压力	空压机压缩机故障	检查空压机工作情况，修复问题
	空气管线泄漏	检查是否有泄漏的空气管，修补泄漏的空气管
	气阀关闭	打开气阀
产水高或低 pH	pH 计故障	校准和更换 pH 计
	膜组件内有残留的化学清洗试剂	使用清水以彻底冲洗膜组件

3.2.6 经济运行

正确掌握和执行操作参数对超滤系统的长期稳定运行是极为重要的,操作参数主要包括流速、压力、压力降、回收比、浓缩水排放量和温度等。

3.2.6.1 流速

流速是指原液(供给水)在膜表面上流动的线速度,是超滤系统中一项重要的操作参数。流速较大时,不但会造成能量的浪费和产生过大的压力降,而且会加速超滤膜分裂性能的衰退;反之,如果流速较小,截留物在膜表面形成的边界层厚度增大,引起浓度极化现象,既影响了透水速率,又影响了透水质量。最佳流速应根据实验确定。

(1) 中空纤维超滤膜

当进水压力维持在 0.2 MPa 以下时,内压膜的流速仅为 0.1 m/s,该流速的流型处在完全层流状态,外压膜可获得较大的流速。

(2) 毛细管型超滤膜

当毛细管直径为 3 mm 时,其流速可适当提高,对减少浓缩边界层有利。必须指出,第一,流速不能任意确定,与进口压力与原液流量有关,第二,对于中空纤维或毛细管膜而言,流速在进口端是不一致的,当浓缩水流量为原液的 10% 时,出口端流速近似为进口端的 10%。此外,提高压力从而增加透过水量对流速的提高贡献极微。因此,增加毛细管直径,适当提高浓缩水排量(回流量),可以提高流速,特别是在超滤浓缩过程中,如电泳漆的回收可有效提高其超滤速率。在允许的压力范围内,提高供给水量,选择最高流速,有利于中空纤维超滤膜性能的保证。

3.2.6.2 压力和压力降

中空纤维超滤膜的工作压力为 0.1~0.6MPa,是指在超滤的定义域内处理溶液通常所使用的工作压力。分离不同分子质量的物质,需要选用相应截留分子质量的超滤膜,操作压力也有所不同。

一般而言,塑壳中空纤维内压膜,外壳耐压强度小于 0.3 MPa,中空纤维耐压强度一般也低于 0.3 MPa,因而工作压力应低于 0.2 MPa,而膜的两侧压差应不大于 0.1 MPa。外压式中空纤维超滤膜耐压强度可达 0.6 MPa,但对于塑壳外压膜组件,其工作压力也为 0.2 MPa。必须指出,由于内压膜直径较大,当用作外压膜时,易于压扁并在黏结处切断,引起损坏,因此内外压膜不能通用。当需要超滤液具有一定压力以供下一工序使用时,应采用不锈钢外壳超滤膜组件。该中空纤维超滤膜组件使用压力达 0.6 MPa,而提供超滤液的压力可达 30 m 水柱,即 0.3 MPa,但必须保持中空纤维超滤膜内外两侧压差不大于

0.3 MPa。在选择工作压力时除根据膜及外壳耐压强度为依据外，必须考虑膜的压密性及膜的耐污染能力。压力越高透水量越大，相应被截留的物质在膜表面积聚越多，阻力越大，越容易引起透水速率的衰减。此外进入膜微孔中的微粒也易于堵塞通道。总之，在可能的情况下，选择较低工作压力，对膜性能的充分发挥是有利的。

中空纤维超滤膜组件的压力降，是指原液进口处压力与浓缩液出口处压力之差。压力降与供水量、流速及浓缩水排放量有密切关系。特别对于内压式中空纤维或毛细管型超滤膜，沿着水流方向膜表面的流速及压力是逐渐变化的。供水量、流速及浓缩水排量越大，则压力降越大，形成下游膜表面的压力不能达到所需的工作压力。膜组件的总产水量会受到一定影响。在实际应用中，应尽量控制压力降值不要过大，随着运转时间的延长，污垢的积累增加了水流的阻力，使压力降增大，当压力降高出初始值 0.05 MPa 时应当进行清洗，疏通水路。

3.2.6.3　回收比和浓缩水排放量

在超滤系统中，回收比与浓缩水排放量是一对相互制约的因素。回收比是指透过水量与供给量之比率，浓缩水排放量是指未透过膜而排出的水量。因为供给水量等于浓缩水与透过水量之和，所以如果浓缩水排放量大，回收量比较小。为了保证超滤系统的正常运行，应规定组件的最小浓缩水排放量及最大回收比。

在一般水处理工程中，中空纤维超滤膜组件回收比为 50%～90%。其选择根据为进料液的组成及状态，即能被截留的物质的多少，在膜表面形成的污垢层厚度及对透过水量的影响等多种因素决定回收比。在多数情况下，也可以采用较小的回收比操作，而将浓缩液排放回流入原液系统，用加大循环量来减少污垢层的厚度，从而提高透水速率，有时并不能提高单位产水量的能耗。

3.2.6.4　温度

超滤膜的透水能力随着温度的升高而增大，一般水溶液的黏度随着温度而降低，从而降低了流动的阻力，相应提高了透水速率。在工程设计中应考虑工作现场供给液的实际温度。特别是季节的变化，当温度过低时应考虑温度的调节，否则温度的变化可导致透水率变化幅度在 50%左右；此外，过高的温度也将影响膜的性能。通常情况下中空纤维超滤膜的工作温度应在（25±5）℃，需要在较高温度状态下工作时可选用耐高温膜材料及外壳材料。

3.3 膜生物反应器

3.3.1 简介

膜生物反应器（MBR）是把膜技术与污水处理中的生化反应结合起来的一门新兴技术，也称膜分离活性污泥法。最早出现于 20 世纪 70 年代，目前已在世界范围内得到广泛应用。用膜对生化反应池内的含泥污水进行过滤，实现泥水分离。一方面，膜截留了反应池中的微生物，使池中的活性污泥浓度大大增加，达到很高的水平，使降解污染物的生化反应进行得更迅速、更彻底；另一方面，由于膜的高过滤精度，保证了出水清澈透明，得到高质量的产水。

MBR 工艺通过将分离工程中的膜分离技术与传统废水生物处理技术有机结合，不仅省去了二沉池的建设，而且大大提高了固液分离效率，并且由于曝气池中活性污泥浓度的增大和污泥中特效菌（特别是优势菌群）的出现，提高了生化反应速率。MBR 工艺流程如图 3-14 所示。

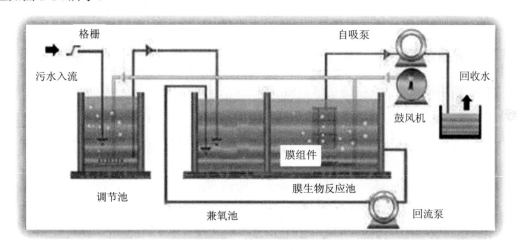

图 3-14 MBR 工艺流程

3.3.2 分类

根据膜的使用方法不同，MBR 的类型可分为内置式（浸没式）和外置式（分体式）两种，目前世界上投入运营的膜生物反应器大约有 55%是内置式（浸没式）。内置式（浸没式）和外置式（分体式）MBR 安装及工作流程如图 3-15 所示。

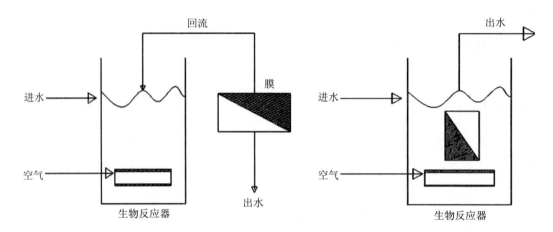

图 3-15　外置式（左）和内置式（右）MBR 安装及工作流程

内置式 MBR 是将膜直接浸渍于生化反应池中，直接从膜元件中抽出净水；而外置式 MBR 则是用泵将生物反应池的泥水混合物通过膜组件进行错流过滤循环，得到洁净的透过水。内置式 MBR 由于操作压力低，膜的通量相对较小，膜面积的使用量较大，而外置式 MBR 由于是在泵的压力下进行大流量循环错流过滤，膜的通量较大，使用的膜面积较小，但动力消耗较大。

3.3.3　膜系统组成

MBR 膜系统相比普通超滤系统多出了曝气系统和污泥回流、排泥系统。曝气系统主要是用于对膜进行擦洗和吹扫，防止膜孔运行中堵塞；而污泥回流、排泥系统是与前生化池联动，用于排除膜池中多余的污泥，维持一定的污泥浓度并通过回流保持污泥循环。膜系统主要由以下方面构成：

①产水系统：产水泵、负压表、流量计、管道等。
②曝气系统：鼓风机、曝气器、压力表、管道、阀门等。
③污泥回流与排泥系统：回流泵、排泥泵、管道等。
④反冲洗系统：反冲洗水箱/池、冲洗泵、加药系统、压力表、管道、阀门等。
⑤在线监测系统：污泥浓度计、浊度计等。
⑥自控系统：控制系统、显示系统、阀门、仪表等。

3.3.4　膜系统工艺运行监控

3.3.4.1　原水控制

在处理污水时，应首先考虑原水中是否存在对膜组件有损害的有机物质，以及这些物质的可降解性。当污水中溶有很难分解的高分子物质时,应事先咨询并需通过充分的小型运转实验进行确认。

当水中含有油脂时,须进行过滤。水中油脂成分会广泛覆盖膜表面,从而堵塞微细孔,因此原水最好不要含有过多的油脂,在动植物油超过 30 mg/L 的情况下要进行气浮除油,降到 30 mg/L 以下。在含有矿物质油的情况下,有可能对膜产生更恶劣的影响,因此在有矿物质油存在时,矿物油含量必须降到 3 mg/L 以下后方可使用膜分离活性污泥法。

3.3.4.2 预处理控制

预处理的目的是除去可能损伤膜的物体,如生活污水当中包含的细小纤维屑、毛发等微小纤维状物质。通常在原水处设置孔径为 0.5~2 mm 的回转式精细格栅。精细格栅需根据设置好的数据的液位差或时间运行程序执行正常运行并定期进行加强反冲洗。

3.3.4.3 污泥性状、浓度、黏度控制

正常的活性污泥的颜色为茶褐色,有凝集性且无令人不快的气味。如果外观及气味不是这种状态,请适当地对 MLSS、污泥黏度、DO、pH、水温、BOD 负荷等数值进行检查。

正常的污泥浓度一般在 5 000~8 000 mg/L,不宜过大或过小,最大不要超过 10 000 mg/L,因为当污泥浓度超过上限时,膜的压差会急剧上升。污泥浓度在最佳污泥浓度下,膜表面会形成动态膜,阻止细小颗粒的进入,避免形成不可逆污染。如没有满足该条件时可在系统运行过程中适当调整 MLSS 范围。MLSS 过低时,可采用投入活性污泥或停止污泥排放等措施;MLSS 过高时,可采取增加污泥排放量等措施。

正常的污泥黏度应在 250 MPa·s 以下,如没有满足该条件时可在系统运行过程中调整污泥黏度到正常范围。过高时,可采取更新污泥、增加污泥排放量等措施。

3.3.4.4 跨膜压差控制

检查跨膜压差(TMP)的稳定性。跨膜压差的突然上升表明膜堵塞的发生,这可能是由不正常的曝气状态或污泥性质恶化导致的。建议 TMP<50 kPa,过大的 TMP 会引起膜的不可逆污染。当这种情况发生时,检查并处置曝气强度、污泥浓度、水温、水位等异常现象,如进行膜组件的化学清洗等。

3.3.4.5 曝气状态控制

检查曝气空气量是否为标准量,以及曝气是否均匀。发现曝气空气量异常、有明显的曝气不均时,可立即检查曝气鼓风系统并对异常现象进行处置,如去除曝气管的结

垢、调整曝气量等。MBR 膜系统运行过程中曝气不能中断，否则短时间内会造成膜丝污堵，使膜丝通量下降。一旦出现曝气中断，要立即停止产水，直至恢复曝气后再恢复膜系统运行。

3.3.4.6 溶解氧控制

膜生物反应器内正常的溶解氧（DO）应为 2 mg/L 以上。没有满足该条件时且如果未超过最大曝气量，可采取调整曝气条件等必要措施。

3.3.4.7 水质 pH 数据控制

正常的 pH 为 6~9。没有满足该条件时需要加入酸或碱来调整 pH。

3.3.4.8 水温控制

正常的水温为 5~40℃。没有满足该条件时可采取冷却、保温等必要措施。

3.3.4.9 水位控制

检查水位是否在正常范围内。液位以超过膜丝顶部 300~500 mm 为佳，不得低于膜组件。如发生异常时需检查液位计、产水泵和进出水阀门是否出现故障。

前端提升泵房提升水量要与膜系统产水量匹配，否则将出现长时间低液位等待（增加能耗），或膜池液位过高造成溢流风险。

3.3.5 膜系统安全运行操作

3.3.5.1 MBR 膜系统初次使用

①初次使用时，需进行清水反洗操作，将膜内部空气赶出，再进行负压抽吸产水。

②膜丝内部含有如甘油等较多保护剂。此类物质会在短时间内产生较高的 COD，因此 MBR 膜初次使用时，须注意初始产水的处理方法。同时，初期调试由于甘油等原因，产水中或有大量泡沫产生，此类现象皆为正常现象。

③建议使用穿孔管曝气刷膜片，通过曝气产生的气泡及水流，使膜丝充分抖动并对膜进行擦洗；机架、曝气管须放置水平，防止空气偏流而导致曝气不均。

④采用恒定流量办法，禁止出水流量不稳定。

⑤采用间歇的运行方式，自吸泵抽吸 8 min，空曝 2 min，或自吸泵抽吸 10~15 min，反洗 40~60 s。

⑥生化池微生物培养达到活性好/黏性较小时，膜片才能开始投入运行。

⑦在满足出水量的要求下，抽吸负压越小越好。抽吸压可通过负压压力表读取，膜片正常有效操作压力控制在 $-0.03 \sim -0.01$ MPa，初始时最好在 $-0.01 \sim -0.005$ MPa。

3.3.5.2 开机启动时曝气阶段

首先，膜系统平均分成两个系列。如将 18 个膜系统分为两个系列，并依此编号为 $1^{\#}$、$2^{\#}$、$\cdots$、$18^{\#}$，第一系列包含 $1^{\#} \sim 9^{\#}$ 膜系统，第二系列包含 $10^{\#} \sim 18^{\#}$ 膜系统。将所有电磁阀箱打到自动状态，每套系统设置一键启动和一键停止。开机时检查并确定启动的单套系统处于启动状态，开启 18 个主曝气阀门并确定处于开启状态后启动鼓风机，待鼓风机运行稳定后，方可按程序寻访其他设备。这时曝气阀门处于脉冲曝气阶段，增强曝气阀门按顺序开启，每隔 30 s 开启一次，首次曝气时间设定为 120 s。

3.3.5.3 产水阶段安全运行操作

MBR 膜池进出水闸门全部打开，根据生化池和膜池污泥浓度开启硝化液回流泵，目前最大按照 400%的流量进行回流。同时开机启动曝气阶段 120 s 后，进行产水阶段，先打开产水阀，开到位，启动产水泵，产水泵运行 8 min，然后进入空曝阶段 2 min。在运行阶段如果产水流量在低流量（设置值）判断延时 $t1$（设置值）后，流量一直没有达到流量低限设定，启动执行抽真空步骤，如抽真空完毕还未达到该流量，需系统停机检查。产水阶段工艺流程如图 3-16 所示。

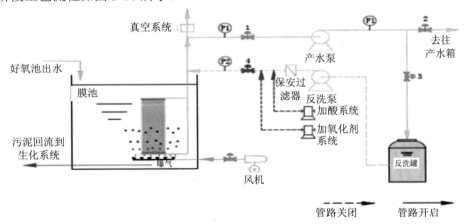

图 3-16　产水阶段工艺流程

3.3.5.4 停机空曝阶段安全运行操作

产水 8 min 后，产水泵停机，产水阀关闭，单套系统主曝气阀开启，增强曝气阀间歇开启，空曝 2 min 后，该周期结束，然后再次进入产水阶段，进入第二个周期。停机空曝阶段工艺流程如图 3-17 所示。

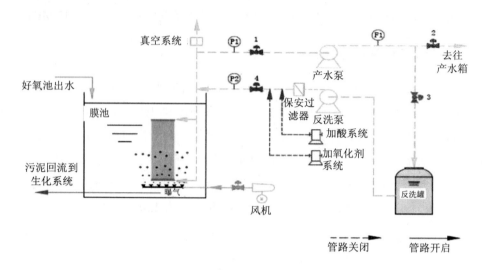

图 3-17　停机空曝阶段工艺流程

3.3.5.5　反冲洗阶段安全运行操作

当曝气—产水—曝气周期达到设定值后，一般为 200～300 个周期，系统进入反洗步骤，产水泵停止，产水阀关闭，反洗阀打开，反洗泵启动，反洗 2 min 后结束，该阶段观察压差变化，结束后停反洗泵，关反洗阀门，反洗阶段结束，再次进入产水周期。反冲洗阶段工艺流程如图 3-18 所示。

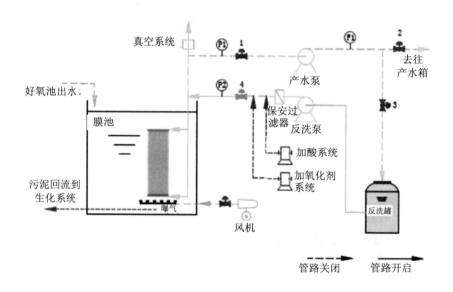

图 3-18　反洗阶段工艺流程

3.3.5.6 化学清洗安全运行操作

在正常过滤过程以外，定期化学清洗对保持膜的使用性能也是必不可少的。通过进行不同程度的定期清洗，减少系统恢复性清洗的频率，让膜组件保持能够随时有效处理高峰流量的状态。常见的化学清洗方式有如下两种：

（1）维护性清洗

维护性清洗通过人机界面设定并按照 24 h 由 PLC 自动启动。操作员可以选择每天进行一列膜的维护性清洗。当需要进行维护性清洗时，需要清洗的膜列将首先完成当前的产水周期再进行清洗，如果膜列处于待机状态就可直接开始维护性清洗。维护性清洗的过程是全自动的，并设定在清洗当天中的非高峰流量时段。维护性清洗持续时间较短，采用较低的化学药品浓度、清洗频率较高，目的在于保持膜的透水性和延长恢复性清洗周期。化学维护性清洗工艺流程如图 3-19 所示。

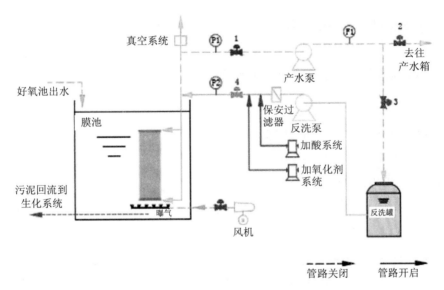

图 3-19　化学维护性清洗工艺流程

（2）恢复性清洗

恢复性清洗用于在膜污堵后恢复膜的透水性，并应该在透水性下降到 50%以下时并当产水过程中透膜压差达到最大预计值时启动。恢复性清洗过程包括与维护性清洗类似的加药反洗，然后是化学浸泡过程。其主要的特点是：操作人员启动后自动进行，同时清洗一列膜池中的所有膜箱；要求使用适合的化学药品浓度。当清洗结束后，如果需要额外的中和，则将清洗药液转移到化学清洗池，并采用化学清洗泵方式用亚硫酸氢钠和氢氧化钠进行在线内循环中和，由余氯仪和 pH 仪指示中和过程是否完成。恢复性清洗持续时间较长、采用化学药品浓度较高，清洗频率较低，目的在于恢复膜的透水性。化学恢复性清洗工艺流程如图 3-20 所示。

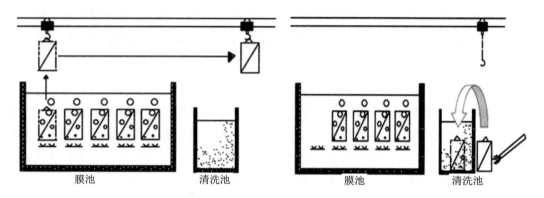

图 3-20　化学恢复性清洗工艺流程

3.3.6　日常检查与一般维护

3.3.6.1　日常运行中要定期检查以下数据

（1）吹扫气量

按照 0.08～0.15 m³/（m²·h）控制。

（2）空气出口压力

一般控制在水深+50 kPa 以下。

（3）透过水流量或膜过滤流速

其膜通量控制在 15～30 L/（m²·h）。

（4）跨膜压差（TMP）

控制在 50 kPa 以下，每天至少记录 4 次。每周提取在线数据进行分析，观察膜系统的压力变化曲线。

（5）透过水水质

若透过水水质异常可能是由以下原因造成的：①曝气和渗透侧低压或化学加药致 pH 上升，而使 CO_2 被排出，导致硬水饱和形成硬度沉淀；②管道中有污泥，此须停止反冲洗检查系统各个密封处、管道或膜组是否有泄漏并将其修复，修复后需冲洗所有管道；③溶解氧不足同样会导致降解性能变差；④若浊度计读数高，检查所有以上的要点，清洗设备并重新校准；⑤若细菌数量较多，检查所有以上的要点，并确保膜滤系统适当消毒，此外确保取样点正确安装，且样品保存妥当并在 5 h 内分析完毕，以避免生物生长。

(6）反应池水温

正常水温控制为 5～40℃。

(7）原水水质

系统进水及接种污泥最好经过孔径为 0.5～2 mm 的回转式精细格栅进行过滤处理，把大颗粒杂质过滤掉，并定期检测 BOD、COD、浊度、TN、TP 等。

(8）剩余污泥排除量

通过 MLSS 的变化进行调整，MLSS 建议适用范围 5 000～8 000 mg/L，最大不要超过 10 000 mg/L。

(9）DO

控制在 1～2 mg/L。

(10）污泥黏度

正常的污泥黏度应在 250 MPa·s 以下。

(11）污泥沉降性能（SV30 或 SVI）

SV30 宜为 30%～50%，SVI 不大于 200。

3.3.6.2 一般维护

常用到的化学清洗药剂如表 3-4 所示。

①检查并记录运行过程中的参数。

②建议按照产水+曝气 8 min，空曝气 2 min 进行控制。

③定期校准压力计、流量计、pH 计。

④定期对水泵、风机进行保养。

表 3-4 常用化学清洗药剂

污染物	试剂	其他替代试剂	方法
微生物	NaClO，500～2 000 ppm（有效氯）	1.5%H_2O_2	浸泡 30～60 min
无机结垢物	盐酸，pH 1～2	2%柠檬酸	浸泡 30～60 min
酸不溶氧化物	草酸、亚硫酸氢钠	其他还原剂	浸泡 30～60 min
油脂	专用试剂	其他功能试剂	浸泡 30～60 min
不溶性离子（Fe、Ca、Mg、Ba 等）	EDTA-2Na，0.1%～0.2%，pH 10～11	其他络合剂	浸泡 30～60 min
胶体、蛋白质	NaOH，0.1%	其他碱性试剂	浸泡 30～60 min

⑤维护性清洗一般 1～5 d 进行一次，或者跨膜压差过高就进行维护性清洗。每次维护性清洗持续 0.5～1 h。反冲水的流量一般为产水流量的 1～2 倍，压力一般比运行压力

高 5%～10%。

⑥膜元件的恢复性清洗（频率：同一过滤流量下跨膜压差比初期稳定运行时的跨膜压差高 20 kPa 时，或者每半年一次，择两者间更短时间内进行一次药液清洗）。

3.3.7 常见故障与处理

MBR 膜系统常见故障和处理方法如表 3-5 所示。

表 3-5　MBR 膜系统常见故障和处理方法

常规问题	故障原因	建议措施
低流量停机	1. 泵出口后端的流量阀或电磁阀关闭； 2. 真空喷射器不运作或真空度不足； 3. 泵出口处的手动阀处在节流或关闭状态	1. 检查阀是否正确运行； 2. 检查泵进口处的真空度； 3. 根据 PID，检查手动阀是否处于正确位置
跨膜压差过高停机（低压）	1. 抽吸泵手动阀处在节流或关闭状态； 2. 系统恢复至高于设计的水平； 3. 膜需要清洗； 4. PID 调整：反洗后超过流量/压力控制设定值； 5. 跨膜压差基于两个仪器：池内出水管的压力变送器和液位变送器。两者中的任意一个出现故障或失准，都会导致膜廊道运行终止	1. 根据 PID，检查手动阀是否处于正确位置； 2. 检查当前值与系统设计恢复值； 3. 按照手册中的指示或与膜厂家联系进行恢复性清洗； 4. 联系膜厂家； 5. 检查仪器校准情况；检查 HMI 上的读数
高压停机（反洗）	1. 抽吸泵手动阀处在节流或关闭状态； 2. 系统恢复至高于设计的水平； 3. 计时器（与压力停机关联）太快	1. 根据 PID，检查手动阀是否处于正确位置； 2. 检查当前值与系统设计恢复值； 3. 联系世浦泰
液位问题（模拟）	1. 24V DC 电源故障； 2. 探头湿度问题	1. 检查电源插座； 2. 检查探头密封性
液位问题（数字）	1. 开关遭化学物质损害； 2. 设备保险丝熔断； 3. 程序问题：开关的程序编辑不合理	1. 检查开关的运作情况； 2. 检查保险丝； 3. 检查相关程序编程
膜泄漏	膜组损坏	气泡测试并修复

3.3.8 经济运行

MBR 膜系统的能耗主要来源于膜擦洗鼓风机、生化池鼓风机、产水泵、冲洗泵、污泥回流泵及生化池搅拌器等，其中膜擦洗曝气和生化池曝气是主要能耗来源。可通过优化工艺、设备选型及运行管理等方面降低 MBR 工艺的能耗。

（1）通过预处理减少 MBR 膜系统能耗

虽然细格栅对有机物的去除率较小，但对 MBR 膜系统的作用非常重要，细格栅能截留污水中的悬浮物、纤维等杂质，有效防止膜元件的堵塞及纤维的缠绕，从而减少膜池空气擦洗强度以降低能耗，故在 MBR 膜系统的原水处应安装精细格栅。

（2）选用高效变频鼓风机

对于 MBR 工艺，鼓风曝气系统电耗一般占全厂电耗的 76% 左右，是节能的关键。通过提高鼓风机效率及氧利用率可减小供气量，以达到降低能耗的目的。在选择鼓风机时，需根据实际需要选择合适的鼓风机，选用效率较高的鼓风机并通过变频调速，不仅可延长鼓风机寿命而且可以获得明显的节能效果。

（3）控制曝气强度

MBR 工艺中，曝气的目的除了为微生物提供氧气外，更主要是大量气泡以较高速度穿过膜组件对膜表面起到冲刷作用，使膜表面处于剧烈紊动状态，从而避免了堵塞物质的积累，可延长膜组件的化学清洗周期。但如果曝气强度过大，将使曝气能耗线性增加，并破坏污泥絮体中的微生物，导致菌胶团解体，使膜表面沉积的颗粒粒径减小，增加了膜过滤阻力，加剧了膜污染，并缩短了膜过滤周期。因此在保证出水水质的前提下不可过度曝气，要在运行过程中摸索最佳的经济曝气强度。

运行中对固定的一组膜池采用固定膜通量和清洗频率以及抽停比，分别采用不同的曝气强度对膜组进行曝气，通过检测 TMP 日变化率，确定最低的经济曝气强度。

（4）控制抽停比

MBR 运行时，在抽吸条件下细小的絮状污泥、微生物分泌的胞外聚合物（EPS）和溶解性有机物（SMP）等物质会不断沉积到膜表面，堵塞膜孔。同时在停止抽吸时，曝气产生的错流可将部分污染物冲刷回反应池中，达到清洗的目的，减缓膜污染。但如果长时间抽吸而停止时间较短，则不能有效解除膜组件内的负压，有效清洗膜表面的污染物，会加剧膜污染。因此，选择合适的抽停时间比对缓解膜组件污染状况和延长膜寿命至关重要。

（5）膜通量的控制

膜通量即单位膜面积在单位时间内有效通过的流量，也被称为渗透速度，代表膜的处理能力。近年来大量研究表明，膜污染速率与膜通量息息相关，膜通量上升到一定程度会导致膜污染迅速发展。因此，为了防止膜污染迅速发生，在膜实际工程应用中，都会将膜表面积设计在较高值，使膜通量有较大的冗余空间，使膜系统在低通量下操作，膜污染速率维持在较低值，但是膜表面积过大，膜通量太低又会造成资源浪费，影响经济效益，所以选择一个合理的膜通量是关键。

在运行中可以通过以下方法确定临界膜通量：膜通量在不断上升中，当大于某值时，膜污染速率会迅速上升，最直接反映出来的就是跨膜压差迅速上升。一般生产上都要控制膜通量要小于该值，而临界膜通量是稍小于该值的一个安全值。通过实验中不断提高膜通量，绘制跨膜压差的时间曲线，当出现 dP/dt 突然上升时，此时的膜通量的稍小值即为临界膜通量。

（6）化学清洗药剂选型和清洗参数设置

在运行中，选取固定一条线的膜池做膜清洗实验，每日进行 1 次维护性清洗，每 3 个月进行一次恢复性清洗。通过不同药剂、不同浓度、不同浸泡时间建立正交实验，根据正交实验结果确定合适的清洗药剂、药剂浓度、浸泡时间。再选取最佳的几种药剂进行复合清洗，确定出最终合适的清洗方案。膜清洗效果评价用透水恢复率 γ 和跨膜压差变量 ΔP 进行表征。

1）透水恢复率 γ 计算公式为

$$\gamma = K/K_0 \times 100\% \tag{3-2}$$

式中：K——清洗后透水率，LMH[①]/bar，即为单位压力单位面积每小时的产水量；

K_0——清洁膜透水率，LMH/bar。

2）跨膜压差变量 ΔP 计算公式为

$$\Delta P = P - P_0 \tag{3-3}$$

式中：P——清洗后跨膜压差，kPa；

P_0——清洗前跨膜压差，kPa。

---

① LMH 为 L/（m²·h）。

第 4 章　城镇污水处理厂消毒单元设备

城镇污水经过处理后，在外排前，为防止病原微生物对人畜健康及生态环境带来危害，往往会对外排水进行消毒处理。常用的消毒有紫外线消毒、二氧化氯消毒和次氯酸钠消毒等。

4.1 紫外线消毒

4.1.1 简介

4.1.1.1 紫外线消毒工作原理

紫外线（UV）属于可见光中紫光之外的高能量电磁波，波长一般在 100～400 nm。根据波长细分为长波 UVA（波长 315～400 nm）、中波 UVB（280～315 nm）、短波 UVC（200～280 nm）和真空紫外线 VUV（100～200 nm）。城镇污水处理消毒主要应用具有极大的杀菌作用的短波 UVC，尤其是波长在 260 nm 时杀菌效果最好，能改变或破坏核酸及蛋白质，致使核酸 DNA 的结构突变，使微生物被杀死（直接杀死）或失去繁殖的活性能力（间接杀死），达到消毒灭菌的目的，常被称作杀菌波段。紫外线辐射强度为 30 mJ/cm^2 时对常见微生物的杀灭效率如表 4-1 所示。

表 4-1　紫外线对常见微生物的杀灭效率（紫外辐射强度为 30 mJ/cm^2）

种类	名称	100%灭菌所需时间/s	种类	名称	100%灭菌所需时间/s
细菌类	炭疽杆菌	0.3	细菌类	结核（分支）杆菌	0.41
	白喉杆菌	0.25		霍乱弧菌	0.64
	破伤风杆菌	0.33		假单胞杆菌属	0.37
	肉毒梭菌	0.80		沙门氏菌属	0.51
	痢疾杆菌	0.15		肠道发烧菌属	0.41
	大肠杆菌	0.36		鼠伤寒杆菌	0.53

种类	名称	100%灭菌所需时间/s	种类	名称	100%灭菌所需时间/s
病毒类	腺病毒	0.10	病毒类	流感病毒	0.23
	噬菌胞病毒	0.20		脊髓灰质炎病毒	0.80
	柯萨奇病毒	0.08		轮状病毒	0.52
	爱柯病毒	0.73		烟草花叶病毒	16
	爱柯病毒Ⅰ型	0.75		乙肝病毒	0.73
霉菌孢子	黑曲霉	6.67	霉菌孢子	软孢子	0.33
	曲霉属	0.73~8.80		青霉菌属	0.87~2.93
	大粪真菌	8.0		产毒青霉	2.0~3.33
	毛霉菌属	0.23~4.67		青霉其他菌类	0.87
水藻类	蓝绿藻	10~40	水藻类	草履虫属	7.30
	小球藻属	0.93		绿藻	1.22
	线虫卵	3.40		原生动物属类	4.0~6.70
鱼类病	Fung1病	1.60	鱼类病	感染性胰坏死病	4.0
	白斑病	2.67		病毒性出血病	1.6

紫外线消毒系统的消毒效果取决于系统照射到微生物上的紫外剂量，这与紫外光强度和曝光时间成正比，即：紫外剂量=紫外光强度×曝光时间。在应用中，还应考虑紫外灯管老化和石英套管结垢问题，用有效紫外剂量表示。有效紫外剂量=紫外光强度×曝光时间×灯管老化系数×结垢系数。

影响紫外线消毒效果的其他因素有如下几种：

①微生物对紫外线的敏感性及微生物数量。

②悬浮物浓度、浊度、色度等均对水体的紫外线透光率有直接关系，从而影响紫外线消毒效果。

③水温、水体流速的均匀性等也会影响紫外线消毒效果。

4.1.1.2 紫外线消毒装置及控制设备

紫外线消毒装置主要有两种形式：水面式和浸水式。水面式是把紫外灯管置于水面之上，构造简单，但反光罩吸收紫外线以及光线散射，杀菌效果不如浸水式；浸水式是把紫外灯管置于水中，紫外线利用率高和杀菌效果好，但设备复杂，易结垢。

目前城市污水处理厂普遍采用的是浸水式。浸水式是将紫外灯管组成模块浸没在明渠里。维护时可从明渠中直接取出，简单方便。一般紫外线灯模块中紫外线灯顺水流方向安装，保证渠内水流均匀，消毒效果好。浸水式紫外线消毒系统实物如图4-1所示。

图 4-1 浸水式紫外线消毒系统实物

紫外线消毒系统由紫外灯模块组、紫外灯套管自动清洗系统、配电中心（镇流器柜）、监控系统、水位控制装置和光强或透光率检测装置六个部分组成。紫外线消毒系统采用模块化设计，每个紫外线消毒模块由一个不锈钢灯架、若干只紫外灯管、高透射率石英套管（套于紫外灯管外部）、自动清洗机构和紫外线强度传感器等组成。整个紫外线消毒系统由若干紫外线消毒模块组成，便于安装、运行及维护。

（1）紫外灯模块组

紫外灯模块组包括低压汞灯（低压高强灯）、石英套管、弹簧及防水硅胶密封件等。石英套管用以防止紫外灯受机械损坏，同时可保证灯管稳定的杀菌性能。污水处理厂出水消毒紫外灯性能对比如表 4-2 所示。

表 4-2 污水处理厂出水消毒紫外灯性能对比

项目	低压灯	低压高强灯	中压灯	Solo Lamp™ 紫外灯	备注
处理流量范围/（万 m^3/d）	<5	≥2	>20	<10	
水质条件	SS<30 mg/L，UVT[①]>50%	SS<30 mg/L，UVT>50%	SS<200 mg/L，UVT>5%	SS<30 mg/L，UVT>40%	
清洗方式	人工/自动清洗	人工/自动清洗	自动清洗	人工/自动清洗	

项目	低压灯	低压高强灯	中压灯	Solo Lamp™ 紫外灯	备注
电功率	较低	较低	较高	较低	中压灯电管转换效率低，单根紫外灯输出功率高，所消耗紫外灯数少
灯管更换费用	较高	较高	较低	适中	
占地	多	适中	最少	较少	相同处理规模比较
设备维护强度	高	适中	最低	较低	相同处理规模比较

注：①UVT 为紫外线穿透率。

（2）紫外灯套管自动清洗系统

污水消毒的效果经常受到灯管套管表面结垢的影响而大幅下降。可采用自动或人工法清洗紫外灯管的表面结垢，一般自动清洗居多。常见的自动清洗系统可以在任意设定的时间段内，在不影响工况的情况下对灯管表面进行在线自动机械及化学清洗，保证紫外灯管表面的清洁，为紫外消毒系统提供稳定高效的杀菌效果。紫外线套管清洗前后效果对比、清洗环结构和紫外线系统套管各种清洗方式比较分别如图 4-2、图 4-3 和表 4-3 所示。

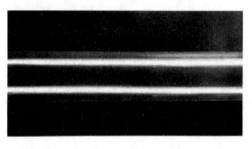

清洗前　　　　　　　　　　清洗后

图 4-2　紫外灯套管清洗前后效果对比

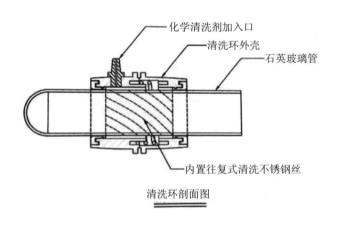

清洗环剖面图　　　　　　　清洗环细节图

图 4-3　清洗环结构

表 4-3 紫外线系统套管各种清洗方式比较

弹力抱箍式自适应清洗装置	机械加化学清洗	传统机械清洗
效果优良	效果优良	效果不佳
能主动适应套管两端的公差	不能主动适应公差，部分套管未能被清洗	完全不能适应套管两端公差
可避免与石英套管硬度相同的石英砂切入造成的磨损	不能避免石英砂切入造成的磨损	不能避免石英砂切入造成的磨损
长时间使用透光率仍达到90%以上	长时间使用透光率仍达到90%以上	长时间使用效果差
对紫外光屏蔽小	对紫外光屏蔽较大	对紫外光屏蔽较大
良好密封性，不会造成二次污染	化学药剂会造成出水水体二次污染	不含化学剂，不会造成二次污染
在水质偏硬时，清洗效果尤佳	在水质偏硬时，清洗效果一般	在水质偏硬时，清洗效果一般
低温下可解决油污凝固问题	低温下油污凝固附着于清洗环周围，影响清洗效果	低温下油污凝固附着于清洗环周围，影响清洗效果
使用寿命长，长期运行成本低	使用寿命短，长期运行成本较高	使用寿命长，长期运行成本较低

（3）镇流器柜

镇流器柜的主要功能是限制和稳定紫外灯的工作电流。当灯电路不能正常点火时须自动关断灯电路，为灯的点火提供所需的点火电压。在灯点火工作期间，控制灯点火能量，使灯电极被适当预热，并确保灯丝电极保持正常工作温度。镇流器柜由微处理器控制，输出功率（50%～100%）可调。

（4）监控系统

通过触摸屏实现所有参数的监测及控制，包括紫外灯管状态监测、紫外光强监测、灯管功率调节、灯管运行计时、低水位自动关机、镇流器柜内温度监测以及紫外透射率监测等，以利于操作者监控紫外消毒系统的运行。

（5）光强检测装置

用于检查紫外灯管的有效剂量，保证紫外系统的消毒效果。

明渠式紫外线消毒设备性能参数如表 4-4 所示。

表 4-4 明渠式紫外线消毒设备性能参数

型号	灯管总功率/kW	污水处理的峰值流量/(m³/h)		设备外形尺寸/mm	电压/V
		一级 A 标准	一级 B 标准		
UVP-4U	1.28	1 200	1 500	2 700×350×700	220
UVP-6U	1.92	2 000	2 500	2 700×450×700	220
UVP-8U	2.56	2 800	3 500	2 700×550×700	220
UVP-12U	3.84	4 200	5 200	2 700×450×900	220
UVP-16U	5.12	5 500	7 000	2 700×550×900	220

4.1.1.3 紫外线消毒的优缺点

紫外线消毒是一种物理消毒方式，除占地面积小外，其主要优点有：

①杀菌速度快、效率高，且具有广谱杀菌能力，紫外线可以对细菌、病毒、原生动物和其他致病微生物造成永久的杀灭。

②消毒过程中无须添加任何化学物质，不产生任何消毒副产物，不影响水的物理与化学性质，不增加水的嗅与味，无二次污染。

③不腐蚀设备与环境，不产生臭气和味觉上的不适。

④无运输、储存、使用有毒及化学危险品的危险性，安全性高。

⑤操作简便，自动化程度高，节省人力。

紫外线消毒虽然有着其他化学消毒无法比拟的优点，但紫外线消毒也存在一定的缺点：

①无持久杀菌能力。

②易受水质条件影响。

③灯管寿命短，设备需定期维护与清洗。

④被杀灭的某些细菌会发生复活现象。

4.1.2 控制方式及运行监控

4.1.2.1 控制方式

紫外线消毒系统监视控制界面和灯状态界面如图 4-4 所示。

图 4-4 紫外线消毒系统监视控制界面和灯状态界面

（1）现场控制

在紫外线系统控制柜的触摸屏中输入密码，进入紫外线消毒系统控制界面执行现场控制启动，因水量不足、出水堰门故障、维护维修等原因，可停止运行。

（2）远程控制

将现场转换开关转入"远程"，在中控紫外线消毒控制界面中执行远程启动或停止，因水量不足、出水堰门故障、维护维修等原因，可停止运行。

4.1.2.2 运行监控

①开机前确认紫外灯必须完全浸没于水下,以防紫外光伤人;确认流经紫外线消毒模块的水流正常,无堵塞、过大、过小、漫流等现象。

②开机时,确认水渠上工程盖板已盖好,以防开机后紫外线照射及不安全事情发生。

③在紫外线消毒装置运行时,不得随意开关紫外线模块和调整灯管运行状态,避免电流变化引起灯管烧毁或导致水质不达标。

④在紫外线消毒装置运行过程时,严禁吊装紫外线模块。

⑤在未了解系统的情况下,不可随意修改系统的参数设定,以免参数设定错误造成系统损坏。

4.1.3 安全运行操作

①手动操作紫外线消毒装置前应告知中控室值班人员,操作结束后应改回自动控制模式。

②灯管运行时应确保浸没在水中。

③电柜空调必须无故障,确保电柜温度在合理范围内。

④紫外光会伤害眼睛,应避免在空气中点亮。

⑤配电柜内外温差较大时应注意防止冷凝水滴到电气元件上,造成短路事故。

4.1.4 日常点检与一般维护

4.1.4.1 日常点检

①检查现场控制面板或中控画面灯管运行状态是否正常,有无报警指示。

②检查紫外线光强度、剂量等数据是否正常。

③检查控制系统通信是否正常,有无报警指示。

④检查水位是否正常,是否浸没全部灯管。

⑤检查自动清洗系统运行是否正常,有无报警指示。

⑥检查电柜空调是否制冷,有无故障。

紫外线消毒系统点检如表 4-5 所示。

表 4-5　紫外线消毒系统点检表

点检内容	点检方法	安全保障措施
是否有异常声响	现场观察	1．巡视时，如观察灯管点亮状态，必须戴防护眼镜。 2．注意防止触电事故。 3．注意液位必须高于最上一层紫外线灯管，但必须低于灯架上灯头插座。 4．注意堰门开启状态
查看运行时指示是否正常，有无报警指示	查看控制显示	
查看灯状态、光强显示和时间显示是否正常	查看控制箱显示屏显示	
查看清洗状态是否正常	手动测试清洗机构状态	
查看液位控制状态是否正常	手动测试液位控制	
查看液位有无异常现象	现场观察堰门开启状态	
查看整流器运行状态	通过显示屏显示灯状态和观察整流器指示灯显示	
查看控制柜内空调状态	现场观察或检测温度，以及检查冷凝水状态	
查看清洗机构状态，查看空压机或油箱状态	现场观察有无漏油、油位是否达标、油质有无变化或漏气现象，必要时手动开启检测	
查看电气工作状态	现场观察或采用仪表检测	

4.1.4.2　一般维护

①检查控制触摸屏显示运行状态及检测数是否正常，控制按钮是否灵活。

②检查灯管运行情况，杀毒效果是否达到要求，视情况更换新灯管。

③检查灯套管结垢情况，视情况可适当调整自动清洗系统清洗，若结垢严重应通知维修工人清洗。

④检查自动清洗系统运转是否灵活畅顺，气压是否充足。

⑤检查电柜（箱）散热情况，是否保持良好的散热效果。

⑥检查灯管显示状态是否与中控显示一致。

4.1.5　常见故障检查与处理

（1）系统停止运行

应到现场检查电源是否正常，是否跳闸，并通知维修人员进行检修。

（2）灯管不亮

如灯管不亮的数量低于总数的10%，应先检查镇流器指示灯是否正常。

（3）自动清洗功能不正常

应在现场触摸屏上进行手动操作，检查确认清洗过程是否正常。

（4）灯管露出水面

应及时调节出水堰门开度，确保灯管浸没在水中。

4.1.6 经济运行

①定期检查灯管自动清洗效果,及时更换清洗易损件。
②定期人工清洗灯管,确保表面洁净。
③根据出水流量手动或自动调节运行功率。
④灯管运行时间达到使用寿命时应及时更换。

4.1.7 完好标准

紫外线消毒系统完好状态条件及评价如表 4-6 所示。

表 4-6 紫外线消毒系统完好状态条件及评价

完好状态必备的工况条件	评价方法及说明
系统运行平稳,灯管及整流器无大面积故障,消毒效果达标	紫外线灯管故障率不超过总数的 10%;粪菌检测稳定达标;灯管电流不低于新灯管电流的 80%
触摸屏显示和操作、控制功能正常	开关启/停功能正常,触摸屏正确显示灯管状态、运行时间状态、清洗周期设定、清洗操作、功率调节(如有)等控制功能正常
自动清洗功能正常,清洗效果良好	控制功能正常,灯管套管表面洁净;空压机或液压系统运行正常

完好标准如下:

①就地开/停机和排架灯管控制、功率调节、灯管清洗功能正常,无异常声响,人机界面显示和操作正常,数据准确。
②90%以上的紫外灯无故障指示,消毒效果达标。
③灯管清洗效果良好,表面无明显污垢,透光率 85%以上。
④空调系统正常,柜内温度小于 35℃。
⑤远程灯管状态指示和异常报警功能正常。
⑥控制柜内接线端子无腐蚀变色,柜体接地线无变色或断开,柜内接线不杂乱、规范整齐,无灰尘、蜘蛛网,无杂物,柜门闭锁正常,现场有电气控制图纸。
⑦设备标识、安全警示标志和安全防护措施齐全、完好。

4.1.8 技能要点与现场实训

①紫外线消毒控制方式切换、就地开/停操作。
②紫外线消毒系统日常点检和记录。

③紫外线消毒系统运行故障报警的检查和处理。

④编辑及完善点检表（表 4-7）。

表 4-7　紫外线消毒日常点检

巡检项目	点检标准	方法/工具	点检周期	安全注意事项	异常情况	异常处理措施

4.2　二氧化氯消毒

4.2.1　简介

4.2.1.1　二氧化氯消毒原理

二氧化氯（ClO_2）化学性质活泼，易溶于水，在水中的溶解度是氯气的 5 倍。二氧化氯是广谱型消毒剂，其氧化能力是氯气的 2.5 倍。二氧化氯不与氨反应，不水解，杀菌效果受氨氮、pH 的影响较小；对经水传播的病原微生物包括耐氯性极强的病毒、芽孢及水路系统中异养菌、硫酸盐还原菌和菌胶团等均有很好的杀灭效果；二氧化氯的杀菌速度快，只要几分钟就可以使杀菌效率达到 99%以上；消毒后具有可检测的残余二氧化氯，可防止水中细菌的再繁殖。

二氧化氯不稳定，受热或遇光分解生成氧和氯，引起爆炸。二氧化氯的低稳定性，给生产、应用、贮存、运输带来了一定困难，长期放置或遇热易分解失效。所以通常在使用地点利用二氧化氯发生器现场制造。二氧化氯消毒适用于出水水质较好、排入水体的卫生条件要求较高的污水处理厂。

二氧化氯有多种制备方法，大致可分为电解法和化学法，电解法采用涂有金属氧化物的石墨做阳极，不锈钢做阴极，通过电解氯化钠水溶液制得二氧化氯。电解法制备二氧化氯流程如图 4-5 所示。

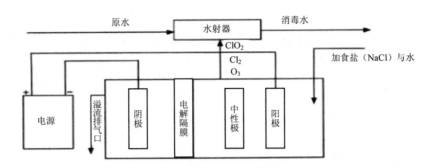

图 4-5　电解法制备二氧化氯流程

根据原料的不同，化学法又可分为氯酸盐法和亚氯酸盐法。氯酸盐法和亚氯酸盐法工艺较为成熟，目前市场上主要采用氯酸盐法和亚氯酸制备二氧化氯。氯酸钠—盐酸工艺反应式如下：

$$NaClO_3 + 2HCl \longrightarrow ClO_2 + 0.5Cl_2 + NaCl + H_2O$$

$NaClO_3$ 需要在一定酸度下被 Cl^-（还原剂）还原转化生成 ClO_2 和 Cl_2。HCl 既是还原剂，又提供反应需要的酸条件。

4.2.1.2　二氧化氯发生器

（1）工作原理

二氧化氯发生器选用亚氯酸钠或氯酸钠和盐酸为原料，固体亚氯酸钠在水中溶解，浓度为 25%，盐酸为工业用盐酸，浓度为 30%。盐酸与被溶解的亚氯酸钠溶液按 1∶1 的比例，由盐酸电磁计量泵和亚氯酸钠电磁计量泵投加到发生器主机反应器中，在反应器中反应生成二氧化氯，然后在混合设备与稀释水混合制成一定浓度的二氧化氯溶液，再通过管理投到消毒点。二氧化氯发生器实物如图 4-6 所示。

图 4-6　二氧化氯发生器设备实物

（2）组成

二氧化氯发生器由发生器主机、料罐、安全阀、液位计等组成，如图 4-7 所示。

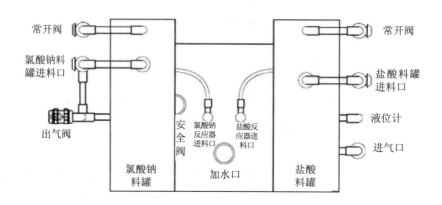

图 4-7　二氧化氯发生器结构

（3）工作特点

二氧化氯发生器产生的二氧化氯纯度高达 95%以上，出口药液 pH 为 2～3，具有系统简单、操作方便、二氧化氯转化率高、设备运行成本低、控制水平高的特点。

4.2.1.3　盐酸储罐、氯酸钠储罐

（1）盐酸储罐

盐酸储罐是一种专门盛放盐酸、硫酸等腐蚀性强的罐体，可以采用塑料、玻璃钢制成。盐酸储罐实物如图 4-8 所示。

图 4-8　盐酸储罐实物

（2）盐酸储罐的用途

盐酸储罐是根据设计条件定做，只可运用在设计条件浓度的盐酸范围内，若超出范围使用，会对罐体产生一定影响，因此一般不建议超出范围使用。

(3) 盐酸储罐的维护检修

盐酸储罐的检修周期一般为：中修为 60～120 d，大修为 12 个月。中修为消除"跑、冒、滴、漏"。清洗或更换液面计修理或更换进、出口及排污阀门疏通清理冷却水盘管。检查修理安全阀放空阻火器。修补防腐层和绝热层。大修包括中修项目修理储罐内件，对发现有裂纹、严重腐蚀等部位，相应修补或更换筒节。修补可采用高分子复合材料修复。根据内外部检验要求，以及经过修补或更换筒节后，需进行试漏或液压试验。全面除锈保温。对储罐内外部检验中发现的其他问题进行处理。

(4) 氯酸钠储罐

氯酸钠原液储罐一般采用 PE 或 PVC 材料，具有优良的抗氧化性。

4.2.2 控制方式及运行监控

4.2.2.1 控制方式

二氧化氯发生器的运行控制模式分为现场手动模式、自动控制模式和远程控制模式，远程控制模式通过触发系统自动模式实现设备自动运行。

(1) 现场手动模式

现场手动模式是指将设备就地控制柜选择开关切换至手动状态模式，操作就地控制柜中各设备开关按钮进行开/停操作，将盐酸、氯酸钠投加至主反应器在产生二氧化氯溶液后通过计量泵进行投加，通过调节计量泵运行频率或冲程调节药量。

(2) 自动控制模式

自动控制模式是指通过设备就地控制柜选择开关切换至自动状态模式，在触摸屏设置好投加量和时间进行自动配置、反应，并产生二氧化氯溶液进行投加。

(3) 远程控制模式

远程控制模式是指设备在远程控制状态下，通过中控室上位机设置开/停二氧化氯发生器，实现远程控制二氧化氯溶液的投加。

4.2.2.2 运行监控

二氧化氯发生器运行时，可通过中控室上位机监控二氧化氯发生器系统状态，包括各计量泵、加药泵、压力、流量、余氯等实时数据，通过上位机设置设备状态告警及流量、压力、余氯等上下限值或二氧化氯发生器本身自带系统报警等功能触发声光报警，提示运行人员进行检查处理。

4.2.3 安全运行操作

①进入二氧化氯发生器室及盐酸、氯酸钠储罐室前，必须穿戴防护服及防毒面罩，通过远程监控、摄像头监控等手段检查现场有无泄漏，通风情况是否良好，正常后方可进入。

②手动操作二氧化氯发生器前应告知中控室值班人员，操作结束后应改回自动控制模式。

③现场手动操作前应检查电源电压及各类保护功能是否正常，储药罐药液液位是否正常等。

④严禁在无防护状态下作业及随意拆卸管路阀门及连接件，若作业中身体某部位受污染后应立即使用现场淋浴器及洗眼器对污染部位进行清水冲洗后就医。

4.2.4 日常点检与一般维护

①每天至少进行一次现场检查，检查的内容为设备自动运行情况，储药罐药液液位情况，加药量与设定值对应情况，罐体、管路有无泄漏等。根据检查结果进行相应的处理或者通知设备维修人员进行检修。

②定期测试各项保护、报警功能是否正常，计量泵润滑点按规定定时、定量加注指定型号的润滑油（脂）。

4.2.5 常见故障检查与处理

（1）电源指示灯不亮，或电源指示灯亮且缺水指示灯也亮，但无法启动设备。

首先应将就地控制柜控制模式开关旋至就地手动状态，用万用表检测三相电源进线输入是否为380~400 V，若缺水指示灯亮，则检查供水管有无水，压力开关是否无动作指示，观察结果并告知维修人员进行检修。

（2）加注原料是无负压，但吸不进盐酸或氯酸钠溶液。

首先应将就地控制柜控制模式旋至就地手动状态，检查进气阀是否关闭，吸料阀和直通阀是否打开，若正常，则检查阀门活接是否拧紧或密封胶圈密封不严导致，另外检查计量泵（增压泵）是否密封不严或者由内泄漏导致，观察结果并告知维修人员进行检修。

（3）计量泵吸不上药。

首先应将就地控制柜状态旋至停止位，检查药罐内是否已经处于低液位，计量泵高压管内有空气，若以上正常则检查计量泵是否有泄漏（隔膜膜片老化），观察结果并告知维修人员进行检修。

（4）余氯太少。

观察计量泵是否流量太小或氯酸钠配比不正确，盐酸浓度不够，可调大计量泵流量，同时确认配比是否正确，若计量泵流量无法提升或相比以往运行数据流量有所下降，则应告知维修人员进行检修。

4.2.6 经济运行

二氧化氯发生器作为常用的消毒装置，从经济运行方面，既要满足污水处理厂出水的消毒杀菌要求，又必须考虑用药量对水体产生的负面影响，因此，投加量的控制成为经济运行的重点。在原药配比一定的情况下，投加量控制可通过中控系统设定值或根据系统进水水量进行联动调节，同时通过化验数据验证消毒效果，得出较佳的投加量，达到经济运行的目的。

4.3 次氯酸钠消毒

4.3.1 简介

4.3.1.1 次氯酸钠消毒原理

次氯酸钠消毒杀菌最主要的作用方式是通过它的水解作用形成次氯酸，次氯酸再进一步分解形成新生态氧[O]，新生态氧的极强氧化性使菌体和病毒的蛋白质变性，从而使病原微生物致死。根据化学测定，次氯酸钠的水解会受 pH 的影响，当 pH 超过 9.5 时就会不利于次氯酸的生成，而对于 ppm 级的次氯酸钠在水里几乎是完全水解成次氯酸，其效率高于 99.99%。其过程可用化学方程式简单表示如下：

$$NaClO + H_2O \rightleftharpoons HClO + NaOH \rightarrow HCl + [O]$$

次氯酸在杀菌、杀病毒的过程中，不仅可作用于细胞壁、病毒外壳，而且因次氯酸分子小，不带电荷，还可渗透入细菌（病毒）体内与菌（病毒）体蛋白、核酸和酶等发生氧化反应或破坏其磷酸脱氢酶，使糖代谢失调而致细胞死亡，从而杀死病原微生物。

$$R\text{-}NH\text{-}R + HClO \rightarrow R_2NCl + H_2O \text{（细菌蛋白质）}$$

次氯酸钠的浓度越高，杀菌作用越强。同时，次氯酸产生出的氯离子还能显著改变细菌和病毒体的渗透压，使其细胞丧失活性而死亡。

4.3.1.2 次氯酸钠储罐

次氯酸钠储罐一般采用 PE 或 PVC 材料,具有优良的抗氧化性,注意加装闭光保存设施。次氯酸钠储罐实物如图 4-9 所示。

图 4-9　次氯酸钠储罐实物

4.3.2　控制方式及运行监控

(1) 控制方式

次氯酸钠投加的运行控制模式有现场手动模式与自动模式,而远程控制通过中控系统设定的程序实现设备自动运行。

1) 现场手动

是指将设备就地控制柜模式选择开关切换至手动状态,就地控制柜上的系统各设备开关按钮进行开/停操作的方式进行次氯酸钠溶液的投加,通过调节计量泵运行频率或冲程调节流量。

2) 自动控制

是指通过设备就地控制柜模式选择开关切换至自动状态,现场触摸屏设置好投加药量的控制逻辑,根据水质、水量的变化进行自动配制次氯酸钠溶液。

3) 远程控制

是指设备在远程控制状态下,通过中控室上位机设置及开/停实现远程控制次氯酸钠溶液的投加。

(2) 运行监控

可通过中控室上位机监控次氯酸钠投加系统运行状态,包括各计量泵、加药泵、液位计等实时数据,通过上位机设置设备状态报警及流量、剩余流量、余氯等上下限值触发报警,提示运行人员进行检查处理。

4.3.3 安全运行操作

①次氯酸钠投加前,检查投加系统各设备、阀门是否正常,管路是否有破损,加药罐内溶液是否在可投加范围内。确保正常后,才能启动投加次氯酸钠。

②启动次氯酸钠投加后,检查管路是否有泄漏情况,药剂投加是否正常。根据需要的加药量,调节加药泵旋钮的大小及阀门的开度。

③随着加药罐液位下降,单位时间内的药剂投加量会逐步减少。为保证单位时间内药剂投加量尽量保持一致,要定期进行巡视,调节加药泵旋钮及阀门大小。

④药剂投加完毕后,按正常的程序关闭加药系统,记录药剂使用量。

⑤加药罐内剩余药剂达到最低下限液位高度,要及时做好采购计划,补充药剂。

⑥次氯酸钠投加量及药耗的计算:

$$加药量 = 药剂密度 \times 加药体积 = \rho \times \pi \times r^2 \times h \tag{4-1}$$

$$药耗(mg/L) = 加药量(kg) \times 1\,000 / 处理水量(m^3) \tag{4-2}$$

处理水量以加药时流量为准,加药量要随着处理水量的变化进行调整。

4.3.4 日常点检与一般维护

①每天至少进行一次现场检查,检查的内容为设备自动运行情况,储药罐药液液位情况,加药量与设定值对应情况,罐体、管路有无泄漏等。根据检查结果进行相应的处理或者通知设备维修人员进行检修。

②定期测试各项保护、报警功能是否正常,计量泵润滑点按规定定时、定量加注指定型号的润滑油(脂)。

4.3.5 常见故障检查与处理

(1)计量泵吸不上药

将就地控制柜状态旋至停止位,检查药罐内药是否已经处于低液位,计量泵高压管内有空气,若以上正常则检查计量泵是否有泄漏(隔膜膜片老化),观察结果并告知维修人员进行检修。

(2)粪大肠杆菌超标

观察计量泵是否流量太小或稀释配比不正确,可调大计量泵流量,同时确认稀释配比是否正确,若计量泵流量无法提升或相比以往运行数据流量下降,则应告知维修人员进行检修。

4.3.6 经济运行

次氯酸钠作为常用的消毒药剂,从经济运行方面,既要满足污水处理厂出水的消毒杀菌要求,又必须考虑用药量对水体产生的负面影响,因此,投加量的控制成为经济运行的重点。

在原药配比一定的情况下,投加量控制可通过中控系统设定值或系统根据进水水量进行联动调节,同时通过化验数据验证消毒效果,得出较佳的投加量,达到经济运行的目的。

第 5 章　污泥脱水单元设备

5.1　简介

污泥是污水处理过程中产生的沉淀物质，也称作污水处理的"副产物"，污水处理其实就是污水中的污染物分解或转移到污泥中的过程。根据来源不同，污泥可分为生活污泥和工业污泥。生活污泥来自生活污水处理系统，产生于初沉、生化沉淀和深度处理等处理单元；工业污泥来自工业废水处理系统，产生于气浮、混凝沉淀和生化处理等处理单元。

污泥沉淀后的含水率很高，生活污泥含水率可高达 99%，工业污泥含水率也可达 98%，由于体积过大，不利于运输；同时生活污泥的有机物含量通常很高，容易腐化发臭。因此需要采取有效的技术手段对污泥进行处理。典型的污泥处理工艺流程如图 5-1 所示。

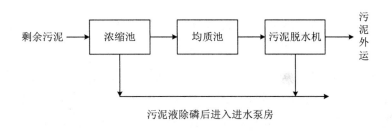

图 5-1　典型的污泥处理工艺流程

以污水处理厂设计水量为 10 万 m^3/d、污泥干固率 0.15‰计算，各阶段含水率污泥体积对比如表 5-1 所示。

表 5-1 各阶段含水率污泥体积对比

项目阶段	污泥干固体含量/(t/d)	含水率/%	污泥体积/(m³/d)
原生污泥	15	99.4	2 500
浓缩污泥	15	97	500
脱水污泥	15	80	75
	15	70	50
	15	55	33
	15	50	30
	15	45	27

污泥处理的首要目的是脱水，减少污泥的含水率。污水处理厂常用的污泥脱水方法是通过重力浓缩后再用机械脱水。污泥先在浓缩池通过重力作用自然浓缩除去部分水分，一般含水率可从 99%降低至 96%~98%。但污泥中的吸附水和结合水很顽固，无法通过重力浓缩脱去，因此需要通过辅助手段，采用机械压滤进一步脱水。在实际处理过程中，当利用重力浓缩池将污泥的含水率降到 96%~98%后，再利用污泥脱水设备将污泥的含水率降至 80%左右或更低，以利于后期的运输和处置工作。当前常见污泥脱水设备有带式压滤脱水机、板框压滤脱水机和离心脱水机。

5.1.1 污泥调理

5.1.1.1 目的

污泥调理的目的是对污泥进行预处理以提高污泥的浓缩脱水效率，是经济地进行后续处理而有计划地改善污泥性质的措施。有机质污泥（包括初沉污泥、腐殖污泥、活性污泥及消化污泥）均是以有机物微粒为主体的悬浊液，颗粒大小不均且很细小，具有胶体特性，可压缩性大，过滤比阻抗值也大，因而过滤脱水性能较差。一般来讲，进行机械脱水的污泥，其比阻抗值在 $(0.1 \sim 0.4) \times 10^9 \, S^2/g$ 较为经济，但各种污泥的比阻抗值均大于此值。因此，为了提高污泥的过滤脱水性能，有必要进行调理。

污泥由固相和液相组成，液相通常为水，是初始污泥最主要的成分，占污泥体积绝大部分。固相成分较为复杂，可分为有机相和无机相，有机相包括微生物形成的菌胶团及吸附的有机物、微生物残留固体等；无机相主要为泥沙、无机沉淀物等。初始污泥以胶态存在，脱水性能差。因此，在污泥脱水之前应进行调理，以破坏污泥的胶态结构，减少泥水间的亲和力，改善污泥的脱水性能。污泥的调理方法有物理调理法、生物调理法、化学调理法等。污泥中水分的种类如图 5-2 所示。

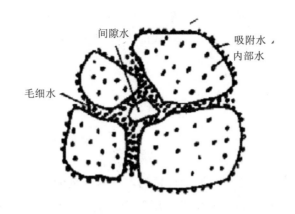

图 5-2 污泥中水分的种类

5.1.1.2 方法

污泥调理方法有洗涤、加药（化学调节）、热处理及冷冻熔解法。以往主要采用洗涤法和以石灰、铁盐等无机混凝剂为主要添加剂的加药法，近年来，高分子混凝剂得到广泛应用。污泥作为肥料再利用时，为了不使有效成分分解，采用冷冻熔解是有效的。在有液化石油气废热可供利用时，用冷冻熔解法更为有利。选定污泥调理工艺时，必须从污泥性状、脱水工艺、有无废热可利用及与整个处理处置系统的关系等方面综合考虑决定。

（1）物理调理法

主要包括加热调理和冷冻调理，由于受经济及气候等条件的限制，这两种技术难以在污水处理厂推广应用。近年来物理调理出现了新技术，即超声波调理、电磁波调理、微波调理及紫外光调理等。关于超声波与氯化铁联用改善污泥脱水性能的研究表明，超声波与混凝剂联合预处理无论对生污泥还是熟污泥，污泥的脱水性能均可得到改善，但对生污泥脱水性能的改善效果要优于熟污泥。

（2）生物调理法

以微生物为絮凝剂进行污泥调理的调理剂有三种：细胞、细胞提取物和细胞代谢物。生物调理法具有成本低廉、易生物降解、无二次污染等优点，且对污泥 pH、盐度等条件具有良好的适应性。

（3）化学调理法

化学调理法是通过药剂改变污泥颗粒结构，促使污泥颗粒聚成大的絮体，破坏泥水间的亲和力，改善泥水分离的效果。调理剂在污泥调理中主要有吸附—架桥和电荷中和功能。常用的污泥调理剂有石灰、无机絮凝剂和有机絮凝剂。应用较广泛的无机絮凝剂主要有铝盐［硫酸铝、明矾及聚合氯化铝（PAC）等］和铁盐（三氯化铁、硫酸亚铁等）

两大类,且工艺成熟,偶尔也会用到石灰。常用的有机絮凝剂主要有聚丙烯酰胺(PAM)及其相应的阳离子聚丙烯酸酯类等人工合成的调理剂等。化学调理法功效可靠,设备简单,操作方便,被长期广泛应用。

5.1.2 配药加药系统

5.1.2.1 配药系统

在污水处理过程中,为达到污泥调理目的,保证药剂的使用效率,同时方便药剂的投加,需要将 PAC、PAM 等固体状的药剂配制成溶液,污水处理厂(站)以往常采用人工方式配药,但人工配药存在配药不均匀和安全卫生等问题,所以现在多采用自动配药装置,以保证药剂配制的安全可靠。PAM 自动配药装置实物如图 5-3 所示。

图 5-3 PAM 自动配药装置实物

常用的自动配药系统如下:

(1)两箱自动配药机

溶解制备过程是通过上、下箱逐步处理完成的,溶药箱之间完全隔开,保证溶药箱内的最佳时间和恒定的浓度。系统由编程逻辑控制器(PLC)自动控制,控制箱与安装溶药、储存箱内液位计相连,一旦储存箱内液位达到"中位",且溶液在溶药箱内完全溶解,信号即触发电动放药阀打开,将溶解充分的絮凝剂放到下储存箱内,自动循环运行可确保系统时刻有溶解成熟的药液待使用。两箱自动配药机的技术特点与主要配置如表 5-2 所示。

表 5-2　两箱自动配药机的技术特点与主要配置

技术特点	主要配置
1. 上下式二槽一体，连续运行 2. 制备浓度稳定，占地面积小 3. 料仓高度低，易人工投加 4. 全不锈钢（SUS304 或 SUS316）箱体，全进口配件 5. 质量可靠，抗腐蚀性良好 6. PLC 自控流程，自动化程度高	多种容积储存料仓
	二箱式槽体
	变频式干粉投加系统
	药液浸润混合器
	螺杆防潮加热器
	进水电磁阀
	低速搅拌器
	Y 型过滤器
	流量计
	电控箱

（2）三箱自动配药机

干粉溶解制备过程是通过各个溶液槽分级逐步完成的，溶液槽之间隔开，保证每个溶液槽内的最佳反应时间和恒定浓度，避免在预制槽和药液储存槽之间有任何直接通路。自动控制系统与储存槽上的液位控制器相连，一旦液位达到低位，则触发进水电磁阀打开，干投机启动，投加量按照水量设定，以获得精确浓度。当液位达到最高点时，此循环过程停止，搅拌器仍按设定时间继续工作。三箱自动配药机的技术特点与主要配置如表 5-3 所示。

表 5-3　三箱自动配药机的技术特点与主要配置

技术特点	主要配置
1. 全自动运行，节省人工 2. 药剂投加量精确可调，保证处理效果、避免浪费 3. 全不锈钢（SUS304 或 SUS316）箱体，全进口配件 4. 质量可靠，抗腐蚀性良好 5. 无需基础座及固定 6. 强大的技术支持，可按用户要求设计流程，所有设计模块为触点式输出 7. 运行过程中带空运转和溢流保护	多种容积储存料仓
	三箱式槽体
	变频式干粉投加系统
	药液浸润混合器
	螺杆防潮加热器
	进水电磁阀
	三台低速搅拌器
	Y 型过滤器
	流量计
	电控箱
	真空吸料机
	防空穴料斗振荡器
	干粉断料检测报警仪
	电接点压力表
	人机界面和以太网接口
	加药泵和在线稀释装置

5.1.2.2 加药系统

污泥调理药剂一般使用阳离子 PAM，加药系统主要由 PAM 储罐、PAM 加药泵、搅拌箱、储存箱、计量泵等组成。根据所需药剂的种类和浓度，在搅拌箱内配制药剂，然后经搅拌器搅拌均匀后转入储存箱，用计量泵向投药点或指定的系统中输送所配制的药液，药剂和污泥混合促进污泥脱水性能的改善。污泥调理加药工序如图 5-4 所示。

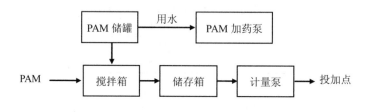

图 5-4　污泥调理加药工序

5.1.3　污泥输送设备

常见的污泥输送设备有以下几种：

5.1.3.1　螺杆泵

（1）工作原理

单螺杆泵是一种单螺杆式输运泵，它的主要工作部件是偏心螺旋体的螺杆（称转子）和内表面呈双线螺旋面的螺杆衬套（称定子）。其工作原理是当电动机带动泵轴转动时，螺杆一方面绕本身的轴线旋转，另一方面又沿衬套内表面滚动，形成泵的密封腔室。螺杆每转一周，密封腔内的液体向前推进一个螺距，随着螺杆的连续转动，液体螺旋形方式从一个密封腔压向另一个密封腔，最后挤出泵体。螺杆泵是一种新型的输送液体的机械，具有结构简单、工作安全可靠、使用维修方便、出液连续均匀、压力稳定等优点。

单螺杆泵实物如图 5-5 所示。

图 5-5　单螺杆泵实物

双螺杆泵是利用螺杆的回转来吸排液体的。由原动机带动回转,两边的螺杆为从动螺杆,随主动螺杆做反向旋转。主动螺杆、从动螺杆的螺纹均为双头螺纹。由于各螺杆的相互啮合以及螺杆与衬筒内壁的紧密配合,在泵的吸入口和排出口之间,就会被分隔成一个或多个密封空间。随着螺杆的转动和啮合,这些密封空间在泵的吸入端不断形成,将吸入室中的液体封入其中,并自吸入室沿螺杆轴向连续地推移至排出端,将封闭在各空间中的液体不断排出,犹如螺母在螺纹回转时被不断向前推进,这就是螺杆泵的基本工作原理。

螺杆泵工作时,液体被吸入后就进入螺纹与泵壳所围的密封空间,当主动螺杆(转子)旋转时,螺杆泵密封容积(定子)在转子的挤压下提高了螺杆泵压力,并沿轴向移动。由于螺杆是等速旋转,所以液体出流流速也是均匀的。

(2)构造

螺杆泵是容积式转子泵,它依靠由螺杆和衬套形成的密封腔的容积变化来吸入和排出液体。螺杆泵按螺杆数目分为单螺杆泵、双螺杆、三螺杆和五螺杆泵。螺杆泵的特点是流量平稳、压力脉动小、有自吸能力、噪声低、效率高、寿命长、工作可靠;而其突出的优点是输送介质时不形成涡流、对介质的黏性不敏感,可输送高黏度介质。单螺杆泵构造、螺杆泵异常问题分析与排除分别如图 5-6、表 5-4 所示。

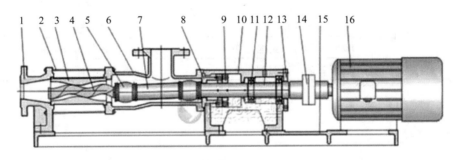

1. 出料体;2. 拉杆;3. 定子;4. 螺杆轴;5. 万向节或销接;6. 进料体;7. 连接轴;8. 填料座;9. 填料压盖;10. 轴承座;11. 轴承;12. 传动轴;13. 轴承盖;14. 联轴器;15. 底盘;16. 电机。

图 5-6 单螺杆泵构造

表 5-4 螺杆泵异常问题分析与排除

故障现象	原因	处理方法
泵不吸污泥	吸入管路堵塞或漏气	检修吸入管路
	吸入高度超过允许吸入真空高度	降低吸入高度
	电动机反转	改变电机转向
	介质黏度过大	将介质加温

故障现象	原因	处理方法
压力表指针波动大	吸入管路漏气	检修吸入管路
	安全阀没有调好或工作压力过大	调整安全阀或降低工作压力
	安全阀时开时闭	
流量下降	吸入管路堵塞或漏气	检修吸入管路
	螺杆与泵套磨损	磨损严重应更换零件
	安全阀弹簧太松或阀瓣与阀座不严	调整弹簧，研磨阀瓣与阀座
	电动机转速不够	修理或更换电动机
轴功率急剧增大	排出管路堵塞	停泵清洗管路
	螺杆与泵套严重摩擦	检修或更换有关零件
	介质黏度太大	将介质升温
泵振动大	泵与电动机不同心	调整同心度
	螺杆与泵套不同心或间隙大	检修调整
	泵内有气	检修吸入管路，排除漏气部位
	安装高度过大，泵内产生气蚀	降低安装高度或降低转速
泵发热	泵内严重摩擦	检查调整螺杆和泵套
	机械密封回油孔堵塞	疏通回油孔
	液温过高	适当降低液温
机械密封大量漏油	装配位置不对	重新按要求安装
	密封压盖未压平	调整密封压盖
	动环或静环密封面碰伤	研磨密封面或更换新件
	动环或静环密封圈损坏	更换密封圈

5.1.3.2 隔膜泵

隔膜泵又称控制泵，是执行器的主要类型，通过接受调节控制单元输出的控制信号，借助动力操作去改变流体流量。隔膜泵在控制过程中的作用是接受调节器或计算机的控制信号，改变被调介质的流量，使被调参数维持在所要求的范围内，从而达到生产过程的自动化。如果把自动调节系统与人工调节过程相比较，检测单元是人的眼睛，调节控制单元是人的大脑，那么执行单元——隔膜泵就是人的手和脚。要实现对工艺过程某一参数（如温度、压力、流量、液位等）的调节控制，都离不开隔膜泵。

隔膜泵按其所配动力输出方式，可以分为气动、电动、液动三种，即以压缩空气为动力源的气动隔膜泵、以电为动力源的电动隔膜泵和以液体介质（如油等）压力为动力的电液动隔膜泵。气动隔膜泵实物如图 5-7 所示。

图 5-7　气动隔膜泵实物

(1) 工作原理

隔膜泵是容积泵中较为特殊的一种形式。在泵的两个对称工作腔中各装有一块隔膜，由中心联杆将其联结成一体，依靠隔膜片的来回鼓动改变工作室容积并使压缩空气从泵的进气口进入配气阀，通过配气机构将压缩空气引入其中一腔室内，推动腔内隔膜运动，而另一腔中气体排出，一旦到达行程终点，配气机构自动将压缩空气引入另一工作腔，推动隔膜朝相反方向运动，从而使两个隔膜连续同步地往复运动。室的吸力使介质由入口流入，推动球阀进入室，球阀则因吸入而闭锁，室中的介质则被挤压，推开球阀由出口流出，同时使球阀闭锁防流，就这样循环往复使介质不断从入口处吸入，出口处排出。

气动隔膜泵主要由传动部分和隔膜缸头两大部分组成。传动部分是带动隔膜片来回鼓动的驱动机构，它的传动形式有机械传动、液压传动和气压传动等，其中应用较为广泛的是液压传动。隔膜缸头部分主要由一隔膜片将被输送的液体和工作液体分开，当隔膜片向传动机构一边运动，泵缸内工作时为负压而吸入液体，当隔膜片向另一边运动时，则排出液体。被输送的液体在泵缸内被膜片与工作液体隔开，只与泵缸、吸入阀、排出阀及膜片的泵内一侧接触，而不接触柱塞以及密封装置，这就使柱塞等重要零件完全在油介质中工作，处于良好的工作状态。

隔膜泵工作时，曲柄连杆机构在电动机的驱动下，带动柱塞做往复运动，柱塞的运动通过液缸内的工作液体（一般为油）而传到隔膜，使隔膜来回鼓动。

隔膜片要有良好的柔韧性，还要有较好的耐腐蚀性能，通常由聚四氟乙烯、橡胶等材质制成。隔膜片两侧带有网孔的锅底状零件是为防止膜片局部产生过大的变形而设置的，一般称为膜片限制器。气动隔膜泵的密封性能较好，能够较为容易地达到无泄漏运行，可用于输送酸、碱、盐等腐蚀性液体及高黏度液体。

(2) 构造

隔膜泵主要有 QBY 型和 DBY 型两种。隔膜泵结构如图 5-8 所示。

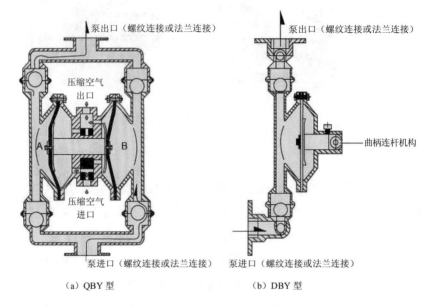

图 5-8 隔膜泵结构

5.1.3.3 柱塞泵

柱塞泵主要用于陶瓷泥浆、水煤浆、高岭土及非金属矿悬浮液的输送，也可以用于矿山渣浆食品悬浮液化工浆料、磁性材料的输送，输送固体含量大于 70%。近年来尤其受到环保污水处理行业的青睐并成为环保等行业理想的换代产品。柱塞泵实物如图 5-9 所示。

图 5-9 柱塞泵实物

根据实际设定一个压力值，当压力升到设定值时压力停止上升，此时泵能在零到最大流量间根据实际需要自动切换单泵运行或双泵运行，并保持设定压力不变。故柱塞泵进料升压时间短，保压过滤功率低，压力波动小，节约时间提高效率，相比其他压滤机进料泵可节能 30%。

柱塞泵结构和异常问题分析与排除分别如图 5-10、表 5-5 所示。

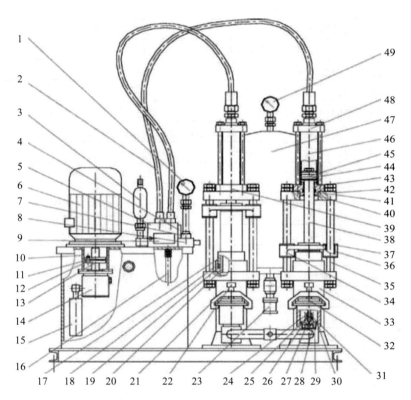

1、49. 压力表；2、16. 高压胶管；3. 蓄能器；4. 液动阀；5. 阀底板；6. 电机；7. 压力表开关；8. 转阀；9. 溢流阀；10. 电机架；11. 圆销；12. 弹性垫；13. 联轴器；14. 油泵；15. 滤油器；17. 压水环；18. 填料箱；19. 密封圈；20. 陶瓷柱塞；21. 紧定架；22. 紧定杆；23. 球阀；24. 导向杆；25. 导向套；26. 阀芯；27. 压板；28. 阀片；29. 阀座；30. 阀箱；31. 大弹簧；32. 阀盖；33. 泵体；34. 滑架；35. 立柱；36. 含油轴承；37. 防尘圈；38. 活塞杆；39. 油缸底盖；40. 防尘圈；41、44. Yx 密封圈；42. 横梁；43. 铜导向套；45. 补油活塞；46. 油缸；47. 空气罐；48. 油缸顶盖。

图 5-10 柱塞泵结构

表 5-5 柱塞泵异常问题分析与排除

故障现象	原因	处理方法
密封泄漏	填料没压紧，填料或密封圈损坏	适当压紧填料压盖，修理或更换柱塞
	柱塞磨损或产生沟痕	修复
	超过额定压力	调节压力
流量不足	柱塞密封泄漏	修理或更换油封
	进出阀不严，泵内有气体	修理或更换进出阀，排出气体
	往复次数不够	调节泵往复次数
	进出口阀门开启度不够或阻塞	清洗过滤器
	过滤器阻塞	清理阻塞物
	液位不够	增高液位
机械振动大	旋转轴的轴承损伤	更换轴承
	联轴节损伤，弹性垫破损，装配螺栓松动	更换联轴节、弹性垫，扭紧螺栓
压力表指示波动	单向阀、安全阀工作不正常	检查调整阀门
	进出口管路堵塞或泄漏	修改配管
	管路安装不合理有振动	检查并修复
	压力表失灵	修理更换压力表
油温过高	油质不符合规定	更换液压油
	冷却不良	改善冷却方案
	油位过高或过低	适当调整油位
产生异常声响或振动	轴承间隙过大	调整轴承间隙
	传动机构损坏	修理传动机构
	螺栓松动	适当紧固螺栓
	进出口阀零件损坏	更换阀件
	缸内有异物	排出异物
	液位过低	适当调整油位
轴承温度过高	润滑油质不符合要求	更换润滑油
	轴弯曲	校准直轴
	润滑系统发生故障，润滑油质过多	调整油量
	轴瓦与轴颈配合间隙过小	调整间隙
	轴承装配不良	更换轴承
油压过低	吸入过滤网堵塞	清洗过滤网
	油泵齿轮摩擦严重及各部件间隙过大	调整间隙
	油位过低	添加液压油
	压力表失灵	更换压力表

各类污泥输送泵的技术特点对照如表 5-6 所示。

表 5-6　各类污泥输送泵的技术特点对照

设备名称	技术特点
螺杆泵	特点： 1. 螺杆泵损失小，经济性能好。压力高而均匀，流量均匀，转速高，能与原动机直联。 2. 螺杆泵可以输送润滑油，输送燃油，输送各种油类及高分子聚合物，用于输送黏稠液体。 3. 输送高黏度介质，根据泵的大小不同可以输送黏度为 37 000～200 000 cp[①]的介质。 4. 含有颗粒或纤维的介质：颗粒直径可以达 30 mm（不超过转子偏心距）。纤维长可以 350 mm（相当 0.4 位转子的螺距）。其含量一般可达介质窖的 40%，若介质中的固体物为细微之粉末状时，最高含量可达 60%或更高也能输送。 5. 要求输送压力稳定，介质固有结构不受破坏时，选用单螺杆泵输送最为理想 优点： 1. 压力和流量范围宽阔，压力在 3.4～340 kgf/cm^2[②]，流量可达 100 cm^3/min； 2. 运送液体的种类和黏度范围宽广； 3. 因为泵内的回转部件惯性力较低，故可使用很高的转速； 4. 吸入性能好，具有自吸能力； 5. 流量均匀连续，振动小，噪声低； 6. 与其他回转泵相比，对进入的气体和污物不太敏感； 7. 结构坚实，安装保养容易 缺点：螺杆的加工和装配要求较高；泵的性能对液体的黏度变化比较敏感
隔膜泵	1. 无轴封、无泄漏、流道宽敞，所以输送含颗粒、高黏度（黏度可达 10 000 cp），易挥发和腐蚀性介质时，不会造成环境污染和危害人身安全。 2. 无旋转部件，通过性能好，允许通过最大颗粒直径达 10 mm。液体无剪切流动，泵自身部件磨损小。对输送物损伤小，可输送污泥和生命体如小鱼苗之类。 3. 不需灌引水，自吸能力强，吸程高达 7 m，长时间干呼吸，对泵不损坏。一旦超负荷，泵便会自动停机，负荷恢复正常时，能自动启动运行，具有自我保护功能（电动泵无此功能）。 4. 气动泵扬程达 50 m，电动泵达 30 m，出口压力最大可达 0.6 MPa。电动泵无此功能，进口需装调节阀控制。 5. 气动泵可以浸没在介质中工作，无电源通过，安全可靠（电动泵无此性能）。 6. 气动泵不需电源，更适合易燃、易爆场合的介质输送
柱塞泵	与隔膜泵相比，YB 系列柱塞泵所得泥料质量高，压滤时间短，电耗降低 30%，成为环保等行业理想的换代产品。YB 系列柱塞泵为液压驱动双缸（单缸）双作用陶瓷柱塞泵，具有运行平稳、工作可靠、噪声小、压力高、耐磨性好、压力波动小、体积小、重量轻、安装操作维修方便、使用寿命长等特点

---

① 1 cp=10^{-3}Pa·s。

② 1 kgf/cm^2=98.07 kPa。

5.1.4 加药设备

5.1.4.1 计量泵

(1) 简介

计量泵 (metering pump) 也称定量泵或比例泵,是一种可以满足各种严格的工艺流程需要,流量可以在 0~100%范围内无级调节,用来输送液体(特别是腐蚀性液体)的特殊容积泵。

计量泵是流体输送机械的一种,其突出特点是可以保持与排出压力无关的恒定流量。使用计量泵可以同时完成输送、计量和调节的功能,从而简化生产工艺流程。使用多台计量泵,可以将几种介质按准确比例输入工艺流程中进行混合。由于其自身的突出特点,计量泵如今已被广泛地应用于石油化工、制药、食品等各工业领域中。计量泵实物及布置如图 5-11 所示。

图 5-11 计量泵实物及布置

(2) 工作原理

电机经联轴器带动蜗杆并通过蜗轮减速使主轴和偏心轮做回转运动,由偏心轮带动弓形连杆的滑动调节座内做往复运动。当柱塞向后死点移动时,泵腔内逐渐形成真空,吸入阀打开,吸入液体;当柱塞向前死点移动时,吸入阀关闭,排出阀打开,液体在柱塞向进一步运动时排出。在泵的往复运动中形成连续有压力、定量的排放液体。

计量泵的流量调节是通过旋转调节手轮,带动调节螺杆转动,从而改变弓形连杆间的间距,改变柱塞(活塞)在泵腔内移动行程。调节手轮的刻度决定柱塞行程,精确率为 95%。

(3) 结构

计量泵由电机、传动箱、缸体等三部分组成。传动箱部件是由涡轮蜗杆机构、行程调节机构和曲柄连杆机构组成；通过旋转调节手轮来实行高调节行程，从而改变移动轴的偏心距来达到改变柱塞（活塞）行程的目的。缸体部件由泵头、吸入阀组、排出阀组、柱塞和填料密封件组成。

(4) 特点

① 泵性能优越，其中隔膜计量泵绝对不泄漏，安全性能高，计量输送精确，流量可以从零到最大定额值范围任意调节，压力可从常压到最大允许范围内任意选择。

② 节点直观清晰，工作平稳、无噪声、体积小、重量轻、维护方便，可并联使用。

③ 泵品种多、性能全、适用输送介质温度为 $-30 \sim 450$ ℃，黏度为 $0 \sim 800$ m^2/s，最高排出压力可达 64 MPa，流量范围在 $0.1 \sim 20\ 000$ L/h，计量精度在 $\pm 1\%$ 以内。

④ 据工艺要求该泵可以手动调节和变频调节流量，亦可实现遥控和计算机自动控制。

5.1.4.2 耐腐蚀工程塑料离心泵

(1) 简介

耐腐蚀塑料离心泵采用 FRPP、CPVC、PVDF 材质铸造而成，耐酸碱，可应用于电镀厂、电子厂、线路板厂、电泳涂装设备、污水工程、金属表面处理、废气处理等方面。耐腐蚀塑料泵适用温度：FRPP 材质为 -75℃ 以下，CPVC 材质为 -75℃ 以下，PVDF 材质为 -80℃ 以下，视各种材质的化学性质不同而定。耐腐蚀塑料泵依据使用方法不同，分为立式和卧式。卧式耐腐蚀塑料泵实物如图 5-12 所示。

图 5-12 卧式耐腐蚀塑料泵实物

IHF（D）衬氟离心泵是 IHF 型离心泵的派生产品，是为满足 IHF 离心泵性能要求同时受工作场地限制而研制的产品。其所有过流部件均采用氟塑料或氟塑料合金制造，耐腐蚀范围广；基体采用金属制造，承受能力强；轴封采用 WB2 型外装波纹管机械密封，密封性能可靠；采用短支架直联结构，叶轮轴与电机轴采用可靠的莫氏锥度传递扭矩，泵机占地面积小。配套电机的主轴为特制空心轴，电机型式为 B35 型电机。检修维护，更换配件时需拆卸电机后部的防护罩。

IHF 系列泵壳为衬塑工艺，过流部件均采用高温退火工艺，广泛应用于氯碱、氯苯、化成箔、酸洗、农业、造纸、钢铁等行业，能够输送强腐蚀性酸、碱、盐、有机溶剂等介质。特点结构紧凑、抗氧化性好、无毒素分解、泵腔流道饱满效率高，可长时间在–20～100℃温度条件下稳定运行。

（2）工作原理

叶轮被泵轴带动旋转，对位于叶片间的流体做功，流体受离心作用，由叶轮中心被抛向外围。当流体到达叶轮外周时，流速非常高。泵壳汇集从各叶片间被抛出的液体，这些液体在壳内顺着蜗壳形通道逐渐扩大的方向流动，使流体的动能转化为静压能，减小能量损失。所以泵壳的作用不仅在于汇集液体，它更是一个能量转换装置。

液体吸上原理：依靠叶轮高速旋转，迫使叶轮中心的液体以很高的速度被抛开，从而在叶轮中心形成低压，低位槽中的液体因此被源源不断地吸上。

后盖板上的平衡孔消除轴向推力。离开叶轮周边的液体压力已经较高，有一部分会渗入叶轮后盖板后侧，而叶轮前侧液体入口处为低压，因而产生了将叶轮推向泵入口一侧的轴向推力。这容易引起叶轮与泵壳接触处的磨损，严重时还会产生振动。平衡孔使一部分高压液体泄漏到低压区，减轻叶轮前后的压力差。但由此也会引起泵效率的降低。

轴封装置保证离心泵正常、高效运转。离心泵在工作时泵轴旋转而壳不动，其间的环隙如果不加以密封或密封不好，则外界的空气会渗入叶轮中心的低压区，使泵的流量、效率下降，严重时流量为零，即气缚。通常，可以采用机械密封或填料密封来实现轴与壳之间的密封。

（3）基本构造

耐腐蚀工程塑料离心泵主要由 6 部分组成，分别是：泵体、泵盖、机械密封、叶轮、机封压盖、密封圈。卧式耐腐蚀工程塑料泵结构如图 5-13 所示。

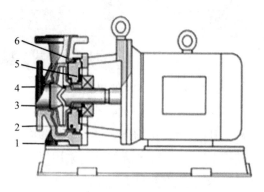

1. 泵体；2. 泵盖；3. 机械密封；4. 叶轮；5. 机封压盖；6. 密封圈。

图 5-13 卧式耐腐蚀工程塑料泵结构

①泵体：它是泵的主体，起到支撑固定机体的作用，并将泵轴与安装轴承的托架相连接。泵轴通过联轴器和电动机相连接，将电动机的转矩传给叶轮，所以它是传递机械能的主要部件。

②泵盖：作用是使泵盖与泵壳密封形成腔体，确保输送介质不泄漏。

③机械密封：分动环和静环，为了减少机器的内漏、外漏和穿漏，提高机器容积效率。

④叶轮：是离心泵的核心部分，转速高、输出力大，叶轮上的叶片又起到主要作用，叶轮在装配前要通过静平衡实验。叶轮上的内外表面要求光滑，以减少水流的摩擦损失。

⑤机封压盖：通过机封压盖把机械密封静环固定，防止输送介质在设备运转过程产生泄漏。

⑥密封圈：叶轮进口与泵壳间的间隙过大会造成泵内高压区的水经此间隙流向低压区，影响泵的出水量，效率降低。间隙过小会造成叶轮与泵壳摩擦产生磨损。为了增加回流阻力减少内漏，延缓叶轮和泵壳的所使用寿命，在泵壳内缘和叶轮外援结合处装有密封圈，密封的间隙保持在 0.25～1.10 mm 为宜。

5.2 分类

5.2.1 带式污泥脱水机

带式污泥脱水机一般由滤带、辊压筒、滤带张紧系统、滤带调偏系统、滤带冲洗系统和滤带驱动系统组成，由上、下两条张紧的滤带夹着污泥从一连串按规律排列的辊压筒中呈 S 形弯曲经过，靠滤带本身的张力形成对污泥的压榨力和剪切力，把污泥中的毛细水挤压出来，获得含固量较高的泥饼，从而实现脱水，脱水出泥含水率通常控制在 80% 左右。带式污泥脱水机的技术特点和压滤段工作原理如表 5-7、图 5-14 所示。

表 5-7 带式污泥脱水机的技术特点

设备名称	技术特点
带式压滤脱水机	受污泥负荷波动的影响小，具有出泥含水率较低且工作稳定能耗少、管理控制相对简单
带式污泥浓缩脱水一体机	1. 采用立卧结合的构造形式，超长的重力浓缩区和挤压脱水区，处理量大
	2. 大型的不锈钢框架结构，坚固耐用，易检修
	3. 适用于大型的市政污水处理厂、工矿企业等

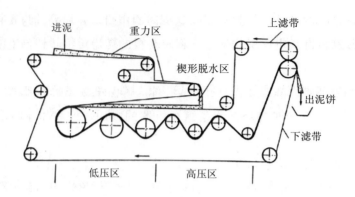

图 5-14　带式污泥脱水机压滤段工作原理

5.2.1.1　类型、结构及性能

（1）带式压滤脱水机

带式压滤脱水机，按照各单元的作用可分为重力脱水区、楔形脱水区和压榨脱水区。

经过调理后的污泥，首先进入重力脱水区，絮凝产生的游离水绝大部分在该区被脱除。在重力脱水区内絮体沉淀在滤带之上，游离水通过絮体透过滤带而脱除。随着滤带的运转，污泥进入楔形脱水区，楔形区兼有重力脱水和压榨脱水的双重作用。当污泥尚处于重力脱水而具有较强流动状态的时候，若对其突然施压，势必会造成污泥快速向受压点四周扩散，倘若由两条滤带组成的夹角很大，污泥突然进入由两条滤带组成的挤压部，则会造成从滤带两侧外卸产生"跑泥"现象。

经过脱水的污泥，虽然还没有形成滤饼并且仍具有一定的流动性，但是已经完全可以经受来自两条滤带施加的合理压榨力，如果压榨区结构设计得不合理，在污泥接受逐渐增加的挤压力的过程中，导致污泥受压扩散和滤水过程不协调而外泻"跑泥"。所以压榨区结构设计的优劣也将对带式压滤机处理量产生直接影响。带式压滤脱水机规格及基本技术参数分别如图 5-15、表 5-8 所示。

图 5-15　带式压滤脱水机

表 5-8 带式压滤脱水机规格及基本技术参数

项目		单位	带型				
			1 000	1 500	2 000	2 500	3 000
滤布清洗水压		MPa	0.6				
风源压力		MPa	0.8				
入料含水率		%	<98				
处理量（绝干）	混合污泥	kg	110～240	200～310	300～500	450～600	500～800
	活性污泥	kg	80～200	180～280	260～480	430～580	480～700
	化工污泥	kg	80～200	180～280	260～480	430～580	480～700
	制糖污泥	kg	1 523～3 672	3 428～5 142	7 710～11 570	12 000～18 000	20 000～25 000
滤饼含水率	混合污泥	%	72～80				
	活性污泥	%	75～80				
	化工污泥	%	75～80				
	制糖污泥	%	50～60				
功率		kW	0.75	1.5	2.2	25	3
长×宽×高		mm	4 050×1 500×2 870	4 050×2 000×2 870	5 340×2 500×2 870	5 340×3 000×2 870	5 340×3 400×2 870
重量		kg	3 800	4 800	6 200	7 200	8 600

（2）带式污泥浓缩脱水一体机

带式污泥浓缩脱水一体机采用两级脱水（重力脱水和压力脱水）的形式，由变速箱、主动辊、导向辊、张紧辊、两块滤布、可调节布料装置、自调式泥耙、纠偏装置、超限保护装置、冲洗装置、排泥装置、高压区可拆卸密封罩组成。经过浓缩段浓缩的污泥进一步重力脱水后进入压力脱水区，压力脱水区由楔形压力脱水区、低压脱水区及强压剪切脱水区组成。楔形压力脱水区使污泥由半固态向固态转变，低压脱水区为初级压榨，使含固率进一步提高并为强压剪切脱水做准备，最后经强压剪切脱水后含水率≤80%。低压区及强压剪切区由直径不同的辊轴对污泥进行挤压、弯曲、剪切等应力作用，脱水形成泥饼。带式污泥浓缩脱水一体机实物、结构和规格及基本技术参数分别如图 5-16、图 5-17 和表 5-9 所示。

图 5-16 带式污泥浓缩脱水一体机实物

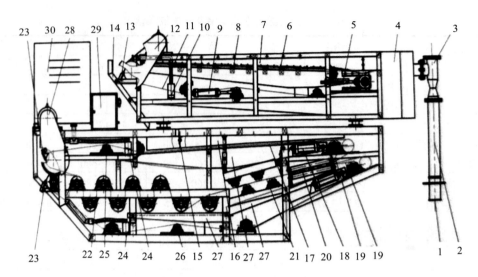

1. 入料口；2. 静态混凝器；3. 文丘里式混合器；4. 物料稳流装置；5. 网带张紧装置；6. 物料铺展；7. 犁式布料框；8. 重力脱水段；9. 网带跟踪装置；10. 滤带冲洗装置；11. 滤带；12. 驱动装置；13. 卸料装置；14. 导流槽；15. 物料铺展；16. 犁式布料框；17. 重力脱水段；18. 网带跟踪装置；19. 滤带；20. 柔性预压脱水段；21. 刚性预压脱水段；22. 高压脱水段；23. 滤饼排放；24. 滤带冲洗装置；25. 网带跟踪装置；26. 网带跟踪装置；27. 滤液收集；28. 驱动装置；29. 气控柜；30. 电控柜。

图 5-17 带式污泥浓缩脱水一体机结构

表 5-9 带式污泥浓缩脱水一体脱水机设备规格及基本技术参数

项目		单位	机 型				
			DNYD-1000	DNYD-1500	DNYD-2000	DNYD-2500	DNYD-3000
滤布清洗水压		MPa	0.6				
风源压力		MPa	0.8				
入料含水率		%	<99.5				
处理量（流体负荷）		m³/h	30	30～50	50～80	80～150	100～200
滤饼含水率	混合污泥	%	72～80				
	活性污泥	%	75～80				
	化工污泥	%	75～80				
	矿冶污泥	%	16～35				
浓缩电机功率		kW	0.55	0.75	0.75	1.1	1.1
压滤电机功率		kW	0.75	1.5	2.2	25	3
外形尺寸（长×宽×高）		mm	5 040×1 500×2 790	5 040×2 000×2 790	6 330×2 500×2 790	6 330×3 000×2 790	6 330×3 400×2 790
重量	浓缩机	kg	1 600	2 000	2 400	2 800	3 200
	压滤机	kg	3 800	4 800	6 200	7 200	8 600

5.2.1.2 控制方式及运行监控

（1）控制方式

脱水机系统通常是就地自动运行控制。

（2）运行监控

通过远程监控设备对脱水系统运行状态进行远程监控，监控设备从不同的角度观看脱水机的进料系统是否跑泥，配药系统料箱是否满泄，干泥泥斗是否装满及泄漏等，通过中央监控值班人员通知脱泥人员现场关闭脱水系统。

5.2.1.3 安全运行操作

①运行操作前，应全面确认机组的电路、气路、冲洗系统和安全控制系统处于正常待机状态，并必须严格执行"开机前准备与检查"。

②脱水机在运转时可调节变速且不得反转，并在运转时滤带上不得有硬质物体。

③检查并保持各种阀门开关灵活、关闭严密。

④检查并确保各电源及控制、保护线路安全可靠，不得存在破损、漏电现象。电动机防护罩必须完好且必须采取防水保护。当系统长时间停电或维修时，开关旋钮必须扳到"0"位并悬挂警示牌。

⑤如确定污泥输送螺杆泵超过24 h不使用，应至少两天运行一次（高温和寒冷天气要特别注意），另必须灌注清水，防止定子橡胶变形。

⑥各转动部分不能在无油状态下运行，运转过程中如有异常声响应立即停机检查。

⑦主机运行过程中，不允许停止供气或掉压。

⑧空气过滤器要经常排掉积水。

⑨如网带运行太偏，要停机检查调偏阀是否正常，网带有无喇叭口现象。

5.2.1.4 日常点检与一般维护

（1）日常点检

带式污泥脱水机点检如表5-10所示。

表 5-10 带式污泥脱水机点检

主要部位	点检位置		点检内容	点检方法	巡检工具	点检周期	技术要求
气动系统	空压机	空气过滤器	检查进气过滤芯（棉）堵塞情况	目视	压缩空气	日	无灰尘、通气顺畅
		电动机	电流值测定比较	测量	钳形万用表	日	电机额定电流值
		皮带	检查传动皮带状态（检查有无裂痕、橡胶老化程度）	目视、按压	橡胶棒	周	张紧度合适、无裂痕
		压缩机头	检查连接管道渗漏、运转声音是否异常	检测	压力表、检漏剂、听诊仪	月	无渗漏、无异响
		压力开关	检测压力设定值	检测、调节	压力表	月	正常 3～5 kg/cm²
		润滑油	检查润滑油油位	目视视窗	油位尺	月	视油窗 2/3
		储气筒或罐	检查储气筒存水	实操	扳手、螺丝刀	日	无水状态
	三联油气分离		检查油杯存水状况	目视	扳手、螺丝刀	日	无水状态
	气缸		检查气缸密封性及动作状态	检测、调节	压缩空气、压力表、检漏剂	周	无漏气、调整调节阀
	气管		检查有无裂痕、橡胶老化程度	检测、调节	压缩空气、压力表、检漏剂	周	无裂痕、无老化
	机械气阀		排气进气、固定位置正确	检测、调节	压缩空气、压力表、检漏剂	月	无漏气、位置正确
调节浓缩机	滤带	接头	接头线棒有无断裂脱落	目视	扳手、螺丝刀、钢丝钳	周	无断裂、无脱落
		带速	查看滤水效果，检测带速	目视、秒表检测	秒表	日	确定带速处于正常范围
		孔隙	清洁度、过水力、是否阻塞	目视	压力水	周	无堵塞
		钉扣	脱落	目视	扳手、螺丝刀、钢丝钳	周	无脱落
	电动机	电源消耗	电流值测定比较	测量	钳形万用表	日	电机额定电流值
		轴承	异常发音、发热	检测、调节	听诊器、红外测温仪	月	无异响、无发热（正常≤40℃，最高<75℃）

主要部位	点检位置		点检内容	点检方法	巡检工具	点检周期	技术要求
调节浓缩机	减速机	润滑油	检查润滑油油位	目视视窗	油位尺	月	视油窗 2/3
		轴承	异常发音、发热	检测、调节	听诊器、红外测温仪	月	无异响、无发热（正常≤40℃，最高<75℃）
		齿轮		目视	听诊器、红外测温仪	月	无异响、无断缺齿
	驱动零件	链轮	松动	目视	扳手、螺丝刀、钢丝钳	月	无松动
		链条	松动、磨损	目视	扳手、螺丝刀、钢丝钳	月	无松动、无磨损
	机体	轴承	异常发音、松动、发热	检测、调节	听诊器、红外测温仪	月	无异响、无发热（正常≤40℃，最高<75℃）
		滚轮	磨损、脱胶	目视	扳手、螺丝刀、钢丝钳	月	无穿孔现象、无脱胶
		喷嘴	堵塞、角度	目视	扳手、螺丝刀、钢丝钳	日	无堵塞、垂直滤带
		Y形过滤器	堵塞、渗漏	目视	扳手、螺丝刀、钢丝钳	日	无堵塞
		清洗压力	压力值	目视	压力表	日	6.5～8.0 kg/cm^2
		水槽	污泥囤积、排水管阻塞	目视	压力水	月	无积泥、排水顺畅
		内外部清洁	油漆脱落	目视	压力水	月	无锈蚀
		刮板	磨损、与滤带间隙	目视	塞尺、扳手	月	无间隙
		螺栓	各部位固定螺丝	实操	扳手、螺丝刀	月	无松动
调理搅拌器	电动机	电源消耗	电流值测定比较	测量	钳形万用表	月	电机额定电流值
		轴承	异常发音、发热	检测、调节	听诊器、红外测温仪	月	无异响、无发热（正常≤40℃，最高<75℃）
	减速机	润滑油	检查润滑油油位	目视视窗	油位尺	月	视油窗 2/3
		轴承	异常发音、发热	检测、调节	听诊器、红外测温仪	月	无异响、无发热（正常≤40℃，最高<75℃）
		齿轮		目视	听诊器、红外测温仪	月	无异响、无断缺齿
	搅拌叶片		螺丝松动、叶片断裂	目视、实操检测	扳手、螺丝刀	月	无松动、无断裂
	槽体出入口		出入口阻塞	目视	压力水	月	无堵塞

主要部位	点检位置		点检内容	点检方法	巡检工具	点检周期	技术要求
压滤机	滤带	接头	接头线棒有无断裂脱落	目视	扳手、螺丝刀、钢丝钳	周	无断裂、无脱落
		孔隙	是否阻塞	目视	压力水	周	无堵塞
		带速	查看滤水效果,检测带速	目视、秒表检测	秒表	日	确定带速处于正常范围
		钉扣	脱落	目视	扳手、螺丝刀、钢丝钳	周	无脱落
	电动机	电源消耗	电流值测定比较	测量	钳形万用表	日	电机额定电流值
		轴承	异常发音、发热	检测、调节	听诊器、红外测温仪	月	无异响、无发热(正常温度不超过40℃,最高温度不超过75℃)
	减速机	润滑油	检查润滑油油位	目视视窗	油位尺	月	视油窗 2/3
		轴承	异常发音、发热	检测、调节	听诊器、红外测温仪	月	无异响、无发热(正常温度不超过40℃,最高温度不超过75℃)
		齿轮	异常发音、发热	目视	听诊器、红外测温仪	月	无异响、无断缺齿
	驱动零件	链轮	松动	目视	扳手、螺丝刀、钢丝钳	月	无松动
		链条	松动、磨损	目视	扳手、螺丝刀、钢丝钳	月	无松动、无磨损
	机体	轴承	异常发音、松动、发热	检测、调节	听诊器、红外测温仪	月	无异响、无发热(正常温度不超过40℃,最高温度不超过75℃)
		滚轮	磨损、脱胶	目视	扳手、螺丝刀、钢丝钳	月	无穿孔现象、无脱胶
		喷嘴	堵塞、角度	目视	扳手、螺丝刀、钢丝钳	日	无堵塞、垂直滤带
		Y形过滤器	堵塞、渗漏	目视	扳手、螺丝刀、钢丝钳	月	无堵塞
		清洗压力	压力值	目视	压力表	月	6.5~8.0 kg/cm^2
		水槽	污泥囤积、排水管阻塞	目视	压力水	月	无积泥、排水顺畅
		刮板	磨损、与滤带间隙	目视	塞尺、扳手	月	无间隙
		内外部清洁	油漆脱落	目视	压力水	月	无锈蚀
		螺栓	各部位固定螺丝	实操	扳手、螺丝刀	月	无松动

主要部位	点检位置	点检内容	点检方法	巡检工具	点检周期	技术要求
控制系统	温度保护器	异常报警、失灵	检测	万用表	月	设定值接通或断开
	纠偏控制保护器		检测	万用表	月	设定值接通或断开
	压力保护器	数据异常、损坏、失灵	检测	万用表	月	设定值接通或断开
	振动保护	接触不良、损坏失灵、移位	检测	万用表	月	设定值接通或断开
	电气控制箱	电器元件、线路腐蚀、接触不良或损坏	目视、实操检测	压缩空气、绝缘毛刷、万用表	月	电气要求规范
	变频或软起	积尘、散热不良、腐蚀	目视	压缩空气、绝缘毛刷	周	内外无积尘
	压力/温度/频率	数据异常、控制失灵、线路老化	检测	万用表	日	设定值接通或断开

①空气滤清器，每班至少打开一次气罐及集中储气罐底部阀门，放掉积水及其他积物。

②每班检查油雾器油位，不得低于 1/2 高度。

③每班检查气路接头有无松动和漏气现象。

④每班开机前检查调偏阀是否正常，开机后正常定时巡视。检查方法为用手扳动挡板，压缩阀芯或放松阀芯，纠偏气缸应能收缩或伸出，否则检查调偏阀或节流阀是否堵塞。

⑤每班检查减速机油位及其温升，减速机温度应小于 80℃。

⑥开机前应对撑紧和调偏轨道加注润滑油脂。

⑦经常检查网带接头及其周边有无脱扣或脱丝现象，如发现异常应停机扳平接头，或剪去脱丝。

⑧经常检查清洗喷嘴是否堵塞，保证喷嘴通畅。

⑨每班停机后应清洗干净脱水机。

（2）定期保养

一般情况下，设备连续运转 1 个月或停机 1 个月后重新开机应保养一次，包括：

①检查所有轴承及减速机润滑是否良好。

②检查气动接头及管路是否有泄漏和损坏。

③检查电气控制系统绝缘和接地是否良好，各控制电器的触点是否良好。

④网带是否有损坏或其他缺陷，是否需要更换。

⑤管道和阀门是否通畅、有无泄漏。

⑥各配套设备的保养维护按说明书进行。

5.2.1.5　常见故障检查与处理

（1）脱水后的泥饼含固量下降

1）污泥调理效果不好

有可能是加药量不够或溶药搅拌不充分。针对前者可增加投量；针对后者可适当降低进泥量，并延长溶药时间。

2）脱水机带速太大

带速太大，泥饼变薄，导致含固量下降，这种情况应及时调低带速。

3）滤带张力太小

这种情况应检查脱水机的滤带张紧系统气压是否太低，是否存在漏气现象。

4）滤带堵塞

这种情况有可能是因为滤带冲洗水量不够或冲洗时间短造成的。如为前者，应检查冲洗水抽水泵、过滤器或冲洗头是否堵塞；如为后者，应延长对滤带的冲洗时间。

（2）固体回收率低

①带速太大，导致挤压区跑料，应适当降低带速。

②张力太大，导致挤压区跑料，并使部分污泥浊水压过滤带，随滤液流失，应减小张力。

（3）滤带打滑

1）进泥超负荷

这种情况应降低进泥量。

2）滤带张力太小

这种情况应检查系统气压是否偏低，如偏低，应增加气压。

3）辊压筒损坏

这种情况应及时修复辊压筒。

（4）滤带时常跑偏

1）进泥不均匀并在滤带上摊布不均匀

这种情况应检查出泥口是否有堵塞现象；平泥装置是否需要更换。

2）辊压筒局部损坏或过度磨损

这种情况应及时更换设备。

3）辊压筒之间相对位置不平衡

这种情况应及时调整辊压筒之间的位置。

4）纠偏装置不灵敏

这种情况应检查纠偏块是否已经磨损，是否需要更换；纠偏伸缩器是否需打油或其万向节是否需要更换。

（5）跑料

①絮凝效果不好，调整药液或污泥的流量或药液浓度。

②滤带冲洗不干净，喷嘴堵塞或清洗水压不足：清除喷嘴堵塞物或更换喷嘴，提高清洗水压。

5.2.1.6 经济运行

污泥脱水机在使用过程中，如发现泥饼含量降低，固体回收率低，滤带打滑等异常现象，需要及时维修，以保证污泥系统正常运行。衡量污泥脱水机经济运行有四项指标：泥饼含固量、固体回收率、滤液含固率和絮凝剂投加量。

（1）泥饼含固量

泥饼含固量高低是评价脱水效果好坏的最重要指标，含固量越高污泥体积越小，运输和处置越方便。

（2）固体回收率

固体回收率是泥饼中的固体量占脱水污泥中总干固体量的百分比。固体回收率越高，说明污泥脱水后转移到泥饼中的干固体越多，随滤液流失的干固体越少，脱水率越高。运行正常的污泥脱水系统，泥饼含固量应在20%以上，固体回收率应在85%以上。

（3）滤液含固率

滤液含固率是机械浓缩或脱水设备排出的滤液中所含的干固体量的百分数，通常与固体回收率配合使用。滤液含固率高，说明随滤液流失的干固体多，脱水效果较差。

（4）絮凝剂投加量

污泥脱水中的絮凝剂投加量是指污泥中单位重量的干固体所需投加的凝剂干重量，一般情况下投加量小于3‰。加药量与污泥本身的性质、环境因素以及脱水设备的种类有关系。

（5）技术改造及节能增效

常见带式污泥脱水机技术参数如表5-11所示。

表5-11 常见带式污泥脱水机技术参数

品牌	规格型号	带宽/m	浓缩段		压滤段	
			带速/(m/min)	带压（滤带张力）/MPa	带速/(m/min)	带压（滤带张力）/MPa
新环	BSD2000	2	1.5~7.5	0.5	1.5~7.5	0.5
通用	DNYB2000	2	4~22	0~0.4	0.7~5	0~0.4
通用	DNYC1500	1.5	4~22	>0.2	1~5	0.4

常用的节能增效方法有：

①提高产泥效率，调整搅拌器转速，提升污泥沉降速率，增加进泥浓度，提升进泥效能。改造储泥池的容积，增加污泥沉淀时间，储泥池变更为浓缩池。生产经验得出污泥质量浓度由 15 000 mg/L 增加到 20 000 mg/L，可以大大提高产泥效率。

②生产运行过程中滤布清洗非常重要，滤布必须彻底清洗干净，这样才能保证污泥在重力挤压过程中与水分彻底分离，及时清洗滤布冲洗喷嘴，提高冲洗水的流量和压力。

③生产用水的控制，通常脱水系统的设计是使用自来水进行滤带的清洗、PAM 配药以及脱水车间的清洁等，在实际的生产过程中通过试验发现，污水处理厂处理后的中水，完全可以替代自来水进行滤布清洗、药剂的配制、车间清洗等。这样可以节约使用自来水的成本。

④提高滤带运行效能管理。根据污泥处理量、污泥浓度、脱泥机进泥量、污泥在滤带平铺宽度及厚度、滤带滤水效果、滤布张力、药泥混合效果、出泥效果、跑泥现象等运行工况核定滤带带速。

⑤落实设备设施维保管理。滤水效果差主要涉及冲洗水水压不足、冲洗水嘴堵塞或损坏、药剂及污泥粘连滤布、刮泥效果差、滤布网孔堵塞、跑泥或掉泥现象影响滤布运行等。

⑥利用平、谷段电单价较低时段进行脱泥生产并满负荷运行脱泥设备，从而达到降低吨干泥电耗的效果，同时加大干泥储存装置。

⑦脱水系统在设计时通常只有 2~3 台小型空压机，空压机机体储气罐气量有限，设备就会频繁启动，浪费能耗。在实际生产过程中可加装一个储气罐，以减少压缩空气设备频繁启动，起到一定的节能降耗作用并保证纠偏装置的稳定工作。

5.2.1.7 完好标准

带式污泥脱水机完好状态工况条件及评价如表 5-12 所示。

表 5-12　带式污泥脱水机完好状态工况条件及评价

完好状态必备的工况条件	评价方法及说明
设备开停机正常，运行正常、平稳；数据在正常范围内	滤带无跑偏现象，无跑泥现象；污泥输送无掉泥现象；滤布张紧压力可以正常调整
滤带冲洗效果良好	滤带冲洗后表面无明显积泥堵塞，压滤带无药剂严重粘连
附属设备设施运行正常	配套的空压机、冲洗泵、进泥泵、加药泵、配药系统等设备设施运行正常
污泥处理量调节功能正常	进泥量、加药量、滤带运行速度可连续调节
保护功能灵敏、可靠，报警功能及信号正常	振动、过温、过流、过油压、油温等保护功能正常完好；动作灵敏可靠

完好标准如下：

①开/停机正常，运行平稳，无异常振动和声响，滤带无跑偏现象。

②含水率低于80%，PAM药耗在正常范围内，无跑泥现象，浓缩段污泥分布均匀。

③滤带无破损，表面冲洗效果良好，无污泥附着。

④纠偏功能和跑偏停机报警功能正常。

⑤远程操作功能正常。

⑥运行/停止状态指示和异常报警功能正常。

⑦控制柜内接线端子无腐蚀变色，柜体接地线无变色或断开，柜内接线不杂乱、规范整齐，无灰尘蜘蛛网，无杂物，柜门闭锁正常，现场有电气控制图纸。

⑧设备标识、安全警示标志和安全防护措施齐全、完好。

5.2.1.8 技能要点与现场实训

（1）现场操作实训

①熟悉触摸屏显示状态，认识启动、停止、故障复位等按钮，学习运行控制方法。

②正确掌握现场各阀门，并对开度的正确位置辨识。

③掌握启/停开关步骤，在现场模拟完成启/停运行步骤和变频控制等。

④现场学习安全注意事项和应急情况处理操作。

⑤运行关键参数（流量、电流、压力、温度等）数据、操作。

（2）日常点检实训

①现场认知脱泥系统运行指示灯、控制按钮、电流表、电压表位置、正常值等数据。

②现场认知流量计、压力计等位置，读数、正常值等数据。

③现场认知纠偏等保护功能和变频器正常、异常显示情况，接触器、开关正常位置。

④现场认知脱水机正常运行时声音、振动情况，各阀门正确位置。

⑤现场认知带速、滤水效果、滤布冲洗效果等正常状态。

⑥中控室计算机上认知脱水机运行正常颜色，异常情况显示方式等，并远程视频巡检。

⑦编辑及完善点检表（表5-13）。

表5-13 带式污泥脱水机日常点检

巡检项目	点检标准	方法/工具	点检周期	安全注意事项	异常情况	异常处理措施

（3）常见故障处理实训

①设备异常应急按钮操作及上报流程，预判纠偏故障的提前处理。

②进料泵无流量，应急按钮、阀门判断、污泥泵运转频率、声音、振动等实际操作。带速调节及运行模式处理。

③异常报警显示位置、方式处理。

④滤嘴堵塞的调节和维护维修。

⑤滤带松紧程度的预判和调节方法。

⑥压力容器压力不足，阀门检查、空压机及其系统输送空气不足的检查方法。

⑦污泥调理效果差处置方法；压榨后污泥含水率偏高调整方法。

5.2.2 板框式污泥压滤机

板框式污泥压滤机是一种间歇性操作的加压过滤设备，适用于各种悬浮液的固液分离。主要由六大部分组成：机架部分、过滤部分、液压部分、吹脱系统、卸料装置和电气控制部分。简言之就是一个焊接的框架、一系列滤板以及滤布，每叶滤板都有 2 片滤布包裹，这 2 片滤布由穿过滤板中央小孔的一个套筒连接。在压滤过程中，污泥进入滤板之间的箱室，通过液压挤压使污泥留在滤布上，滤液直接流出。板框式污泥压滤机可以过滤固相颗粒径在 5 μm 以上，固相浓度在 0.1%～60% 的悬浮液、黏度大或胶体状的难过滤物料以及对滤渣质量要求较高的物质。板框式污泥压滤机有常规板框压滤机、隔膜式板框压滤机等。隔膜式板框压滤机与传统压滤机性能对比如表 5-14 所示。

表 5-14　隔膜式板框压滤机与传统压滤机性能对比

脱水设备	传统压滤脱水机			隔膜式板框压滤机
	板框压滤机	带式压滤机	离心脱水机	
泥饼含水率/%	75～80	75～83	75～80	55～38
处理 10 万 t 污水的污泥产生量/t	60～75	60～88	60～75	33 以下
比能耗（kW·h/t 干固体）	5～15	5～20	30～60	6～15
药剂费用比	1	1	0.7	0.7
冲洗水量	中等	大	小	小
现场环境	一般（卸泥饼时有异味）	差（全程接触空气，异味浓）	较好（密闭工作）	较好（泥饼无异味）
可扩容性	可以	不可	不可	可以
自动化程度	一般	一般	好	好
安全性能	较好	差	较好	好
维护费用	中等	较高	较高	中等

5.2.2.1 类型及特点

（1）常规板框压滤机

1）工作原理

将带有滤液的滤板和滤框平行交替排列，每组滤板和滤框中间夹有滤布，用可动段把滤板和滤框压紧，使滤板和滤板之间构成一个压滤室，污泥从料液进口流出水通过滤板从滤液排出口流出，泥饼堆积在框内滤布上，滤板和滤框松开后泥饼就很容易剥落下来。为了减轻卸料压力，有些厂家增加了自动拉板翻板功能，实现板式压滤机半自动化。板式压滤机可分为板框压滤机、箱式压滤机和由两者合成的压滤机。板框压滤机实物及板框结构如图 5-18 所示。

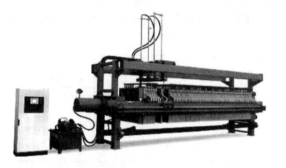

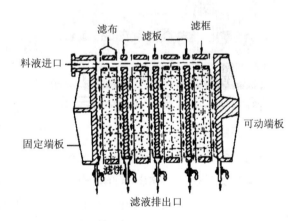

图 5-18　板框压滤机实物及板框结构

2）特点

板框压滤机优点是结构简单、操作容易，运行稳定故障少，保养方便，设备使用寿命长，过滤推动力大，所得泥饼含水量低；过滤面积选择范围灵活，且单位过滤面积占地较少；对物料的适应性强。其缺点是不能连续运行，处理量小，滤布消耗大。

3）适用范围

主要适应于中、小型污泥脱水处理场合。

4）运行注意事项

板框压滤机运行中遇到的主要问题是滤布清洗不充分，易于堵塞，影响过滤效率。故需形成良好的工作习惯，勤洗滤布，必要的时候对滤布进行更换。

（2）隔膜式板框压滤机

常规板框压滤机只能将污泥含水率降至80%左右，而填埋场要求污泥进场含水率小于60%，因此需要进一步脱水。隔膜式板框压滤机对传统板框压滤机进行了如下改进：板为中空的。当正常压滤完成后，在板中空部分注水增压，对板框之间的污泥进行进一步压滤，降低污泥含水率，在卸料前，将进料通道的稀泥反吹回去。这样，压出来的污泥含水率可降至55%左右。自动拉板隔膜压榨板框压滤机结构、实物分别如图5-19、图5-20所示。

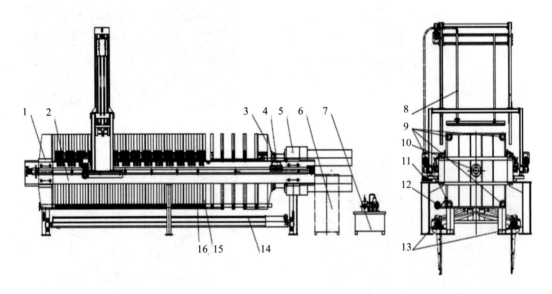

1. 止推板；2. 主梁；3. 压紧板；4. 自动拉板系统；5. 机座；6. 电控柜；7. 液压系统；8. 水洗滤布装置；9. 翻板装置；10. 滤板组；11. 滤布；12. 翻板装置排液口；13. 隔膜压榨连接；14. 滤液排放或洗饼进出水连接；15. 料浆进口连接；16. 水洗进水连接。

图5-19 自动拉板隔膜压榨板框压滤机结构（带翻板和水洗装置）

图 5-20 自动拉板隔膜压榨板框压滤机实物

隔膜式板框压滤机脱水过程包含滤板压紧、低压进泥、高压进泥、压榨、反吹、滤板松开、卸料、洗涤等工序，其操作过程为：经调理后的污泥通过隔膜泵或螺杆泵注入压滤机中，快速实现泥水分离；停止进泥后，通过多级离心泵对隔膜注水加压，隔膜对滤布间的污泥进行强制挤压、脱水；之后利用高压空气吹脱压滤机中心进泥管中的污泥及空腔内的滤液；缓慢松开压滤机，排尽剩余滤液；最后卸除压滤机内的泥饼。经过上述压滤压榨后的污泥，含水率可降至60%以下。

5.2.2.2 控制方式及运行监控

（1）控制方式

压滤机控制方式分自动控制和手动控制两种。自动控制是根据既定参数按设定的循环程序自动运行整个循环。手动控制每一步单独动作完成即停止，手动控制方式一般用于设备调试及检修。

1）自动控制方式

通过现场控制面板及中控室控制面板设定板框压滤机运行参数，如进料时长及压力、压榨时长及压力、取板及拉板时间、角吹风时间等参数，板框压滤机即按照所设定参数进行低压进料→高压进料→压榨→吹风→排空→角吹→循环等待步骤。这是板框压滤机最常用的操作方式。

2）手动控制方式

是指通过现场电控柜操作屏进行操作，其运行步骤为低压进料→高压进料→压榨→吹风→排空→角吹，需操作者在每一步骤执行运行及停止。

（2）运行监控

①板框压滤机安装压力计，连续检测板框间压力并传输至中控室计算机内，作为板框压滤机控制参数。

②中控室计算机连续监控板框压滤机压力、进料流量、步骤计时、调理药剂投加量，并形成曲线，用于瞬时监控板框机运行参数是否正常及比对板框机每次的运行情况以便后续调整工艺。

③设备运行状态、设备是否故障以及自动控制方式下是否能够正常自动开/停，出现任何一种异常情况时将发出声光报警，提示运行人员进行处理。

5.2.2.3 安全运行操作

①在压紧滤板前，务必将滤板排列整齐，且靠近止推板端，平行于止推板放置，避免因滤板放置不正而引起主梁弯曲变形。

②压滤机在压紧后，通入料浆开始工作，进料压力必须控制在出厂铭牌上标定的最大过滤压力（表压）以下，否则将会影响机器的正常使用。

③过滤开始时，进料阀应缓慢开启，起初滤液往往较为浑浊，然后转清，属正常现象。

④由于滤布纤维的毛细作用，过滤时，滤板密封面之间有清液渗漏属正常现象。

⑤在冲洗滤布和滤板时，注意不要让水溅到油箱的电源上。

⑥搬运、更换滤板时，用力要适当，防止碰撞损坏，严禁摔打、撞击，以免使滤板/框破裂。滤板的位置切不可放错；过滤时不可擅自拿下滤板，以免油缸行程不够而发生意外；滤板破裂后，应及时更换，不可继续使用，否则会引起其他滤板破裂。

⑦液压油应通过空气滤清器充入油箱，必须达到规定油面。并要防止污水及杂物进入油箱，以免液压元件生锈、堵塞。

⑧电气箱要保持干燥，各压力表、电磁阀线圈以及各个电气元件要定期检验确保机器正常工作。停机后须关闭空气开关，切断电源。

⑨油箱、油缸、柱塞泵和溢流阀等液压元件需定期进行空载运行循环法清洗，在一般工作环境下使用的压滤机每6个月清洗一次，工作油的过滤精度为20 μm。新机在使用1～2周后，需要换液压油，换油时将脏油放净，并把油箱擦洗干净，第二次换油周期为1个月，以后每3个月左右换油一次（也可根据环境不同适当延长或缩短换油周期）。

5.2.2.4 日常点检与一般维护

板框压滤机日常检查与一般维护如表5-15所示。

表 5-15　板框压滤机日常检查与一般维护

部件	检查内容	判定基准	方法	对策	周期
滤板	密封面、过滤面有无异物附着	无异物附着	目测	清扫	每天
	密封面有无漏液	密封面无异物附着	目测	清扫、更换	每天
	隔膜板的损伤	隔膜板完好	目测	更换	每天
	进料孔	无损伤（压榨压力在设定范围内升压）	压力表	更换	每月
	滤布扎带松弛、损坏	无松弛、损坏	目测	扎紧、更换	每天
滤布	滤布的损伤	无磨损、破裂	目测	更换、修理、去除料浆内的异物	每天
	网眼堵塞	填充料没有脱落 清洗后滤布上没有残留泥饼	目测	酸洗，更换，滤布清洗装置进行检查	每周
	滤布的褶皱	密封面无褶皱	目测	滤布安装检查	每周
	滤布连通孔的偏移	滤布的孔与滤布的孔没有太大的偏差	目测	调整、更换	每周
压紧板部件	压紧板、活塞杆、压紧板开闭时间	压紧板移动平滑无卡顿、活塞杆无卡顿变形、液压油无泄漏、压紧板开闭时间无异常	目测	调整、修理、加注润滑油	每周
拉板小车	拉板小车的动作、左右拉板的同步性、链条的松弛度、跑道上的异物	拉板小车移动正常、两板小车同步偏差在 20 mm 内、跑道无异物	目测	清扫、调整	每周
压滤机内的配管	压榨软管、反吹软管、进料软管等	无泄漏、无损伤开裂	目测	紧固、更换	每月
压滤机内配线及电气元件	电缆、限位开关	无损伤、动作正常	目测	修理、更换	每月
滤液	混浊度	进料无长时间混浊现象	目测	更换滤布、清理滤布、调整工艺	每天
	出液量	出液量无大幅度变小	目测	清理滤布、检查进料口	每天
泥饼	泥饼厚度	泥饼厚度达到要求的厚度	目测	清扫进料口、检查滤板有无变形、确认浆料性状、确认进料压力、确认进料流量	每天
	泥饼含水率	能够满足含水率要求	取样测定	确认滤布是否堵塞、确认浆料性状、调整进料压力、调整压榨压力、调整压榨时间	每天

5.2.2.5 常见故障检查与处理

板框压滤机运行常见故障检查与处理如表 5-16 所示。

表 5-16 板框压滤机运行常见故障检查与处理

故障现象	原因分析	判断方法及表现状况	故障排除方法
油压不足	液压站故障	查看液压站油压表是否在正常压力位	无压力或者压力偏离正常值通知维修人员处理
	油路管道漏油	沿管路查看是否有渗漏点	通知维修人员处理
滤板漏料	滤板密封面有杂物	杂物导致滤板无法正常密闭	清理滤板
	油压不足	漏料	通知维修人员检查液压系统
	滤布有褶皱	褶皱处无法正常密闭导致漏料	整理滤布，保证滤布平整
滤液混浊	滤布破裂或者老化	滤液混浊	检查滤布是否有破损的地方，通知维修人员更换破损滤布
	滤布缝合处开线	滤液混浊	重新缝合滤布
接板小车不能取板、拉板	限位开关失效	控制柜显示报警信息	通知维修人员检查限位开关
按下启动按钮设备无动作	电源是否正常、急停按钮是否被按下	控制柜电源指示灯是否常亮	检查电源开关否跳闸，急停按钮是否被按下，必要时通知维修人员处理
	是否有故障报警未处理	控制柜显示屏是否有报警信息	根据报警提示查找故障，必要时通知维修人员处理
压榨压力不足	压榨泵故障、阀门未开到正常位置、管路有泄漏点	查看压力表	沿管路查找中阀门是否在正常位、是否有泄漏点，冲洗水泵是否有故障、水箱是否缺水
冲洗水压不足	冲洗水泵故障、阀门未开到正常位置、管路有泄漏点	查看压力表	沿管路查找中阀门是否在正常位、是否有泄漏点，冲洗水泵是否有故障、水箱是否缺水

5.2.2.6 经济运行

①板框压滤机在设计选型时，要根据每日处理泥量和前端工艺污泥含水率控制情况，选取最佳工况的板框压滤机型号。

②已经投入运行的，查询近一两月的板框机进干泥量、压榨时长、调理药剂投加量、压榨后污泥含水率判断板框机是否在正常工况范围；定期对板框机滤布进行选型及更换。

③严格遵守维护保养规程，定期对板框机进行洗布，使板框机处在最佳运行工况。

④每月进行一次污泥比阻测试及每季度进行一次调理药剂选型，根据当前泥质确定最佳的调理药剂及投加量。

⑤板框压榨后污泥仍需进一步减量化，如后续有干化机，综合考虑污泥去水电耗及药耗，在条件运行的情况下尽可能把板框机出泥含水率降低，减少后续工艺所需能耗。

⑥对于有备用板框压滤机的污水厂，建议板框机轮换使用。

5.2.2.7 完好标准

①开停机正常，运行平稳，无异常振动和声响。

②含水率低于60%，药耗和单位能耗产干泥量在正常范围内。

③滤板无破损，表面冲洗效果良好，无污泥附着。

④运行/停止状态指示和异常报警功能正常。

⑤控制柜内接线端子无腐蚀变色，柜体接地线无变色或断开，柜内接线不杂乱、规范整齐，无灰尘蜘蛛网，无杂物，柜门闭锁正常，现场有电气控制图纸。

⑥设备标识、安全警示标志和安全防护措施齐全、完好。

5.2.2.8 技能要点与现场实训

（1）现场操作实训

①现场各阀门正确位置辨识，手动/自动阀门操作。

②板框压滤机各控制按钮、控制面板，手动启/停、手动/自动切换、应急按钮等操作。

③卷尺使用操作，调理池液位实际值测量与仪表校对，流量计容积法校对。

④污泥含水率仪器测量方法，比阻测试方法。

⑤污泥调理方法，污泥调理效果判断；污泥折算绝干泥计算，药剂投加量计算。

⑥板框机操作、巡检安全注意事项说明，应急情况处理操作。

⑦中控远程控制，压力、压榨时长、进料时长等参数认知及调整方法。

⑧板框压滤机运行关键参数（调理池液位、压力、运行状态、运行时长）数据、曲线查询操作。

（2）日常点检实训

①现场认知板框压滤机运行指示灯、控制按钮、压力、运行状态、正常值等数据。

②现场认知调理池液位计、流量计、压榨水箱液位计、板框机压力表、压力容器等位置，读数、正常值等数据。

③现场进料泵、压榨水泵、液压站、洗布泵正常运行时声音、振动范围。

④现场认知板框压滤机每个运行状态（进料、保压、压榨、角吹、卸料）正常步骤

及运行时长。

⑤现场认知污泥调理效果、板框压滤机的滤布是否破损。

⑥中控辨识板框压滤机操作按钮位置、颜色、异常情况显示方式等。

⑦编辑及完善点检表（表5-17）。

表5-17 板框式污泥压滤机日常点检

巡检项目	点检标准	方法/工具	点检周期	安全注意事项	异常情况	异常处理措施

（3）常见故障处理实训

①设备异常应急按钮操作及上报流程。

②进料泵无流量，应急按钮、阀门判断、污泥泵运转频率、声音、振动等实际操作。

③压力容器压力不足，阀门检查、空压机手动运行等实际操作。

④翻板异常打开，液压站检查、管路检查、手动运行翻板等实际操作。

⑤污泥调理效果差处置方法；压榨后污泥含水率偏高调整方法。

⑥气动阀无法正常启/停处置方法。

5.2.3 离心式污泥脱水机

离心式污泥脱水机主要由转鼓和带空心转轴的螺旋输送器构成。污泥由空心转轴送入转筒后，因密度、离心力大小等因素在离心力作用下被分离成固体层和液体层。固体层在螺旋输送器的缓慢推动下，被输送到转鼓的锥端，经转鼓周围的出口连续排出，液体层则由堰口连续溢流排至转鼓外，形成分离液排出。

5.2.3.1 类型及结构

离心式污泥脱水机可以分为三足式离心污泥脱水机、卧式螺旋离心污泥脱水机、碟片式分离机、管式分离机4种。国际上一般采用全封闭连续运行的大长径比的卧式螺旋离心污泥脱水机作为污泥脱水的主机，它具有其他类型污泥脱水设备所不具有的优点：

①全封闭运行，现场清洁无污染。

②絮凝剂、清洗水用量少，日常运行成本低廉。

③设备布局紧凑，占地面积小，可明显减少征地及基建投资。

卧式螺旋离心污泥脱水机主要由转鼓、螺旋推进器、差速器、溢流挡板、轴承及轴承座、机座、进料和排泥系统、驱动系统、控制系统等组成。其中转鼓、螺旋推进器和差速器是最为关键和重要的部件。离心脱水机有自动清洗装置，在每次停机时都能够自动对转鼓进行清洗。卧式螺旋离心污泥脱水机结构、实物及运行流程分别如图 5-21～图 5-23 所示。

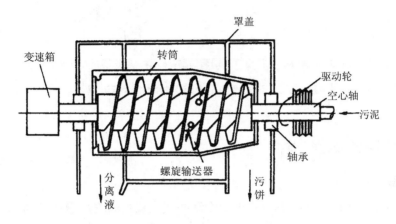

图 5-21　卧式螺旋离心污泥脱水机结构

图 5-22　卧式螺旋离心污泥脱水机实物

离心式污泥脱水机进出料流程：需要分离的物料通过中心供料管进入离心机内，在离心力的作用下密度达到固体沉降到转壁鼓上，轻相的澄清液流向液相排出口，经由可调节液池深度的可调堰板排出离心机转筒，沉积在转筒壁上的固体由螺旋输送器传送到转筒体的椎体端，从排料口排入固定集料箱（图 5-23）。

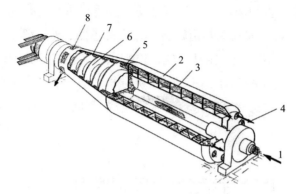

1. 中心供料管；2. 转壁鼓；3. 澄清液；4. 排出口；5. 转筒壁；6. 螺旋输送器；7. 转筒体的椎体端；8. 排料口。

图 5-23 卧式螺旋离心污泥脱水机运行流程

5.2.3.2 控制方式及运行监控

（1）控制方式

离心式污泥脱水机主要控制方式现场手动并按流程步骤安全操作控制。

（2）运行监控

指标主要包括：电流、频率、温度、振动、转鼓速度、扭矩、差数、进泥量、含固率、处置量及润滑状态等。

1）润滑监控

离心式污泥脱水机润滑点位及加油规范如图 5-24 所示。

2）温度值监控

要求轴承座温度≤80℃。

3）振动值监控

确定绝对振动幅值的限值，此与轴承可承受的动载荷及支承结构和可接受的振动相符合，其振动烈度以 A、B、C、D 四个区域进行评定。一般推荐振动控制范围为"≤B Ⅰ类"。

A：新交付使用的机器的振动通常属于该区域。

B：通常认为振动值在该区域的机器是合格的，可长期运行。

C：通常认为振动值在该区域的机器只能在有限时间内运行，不适宜长期连续运行，直到有采取补救措施的合适时机为止。

D：振动值在这一区域中通常被认为振动剧烈，足以引起机器损坏。

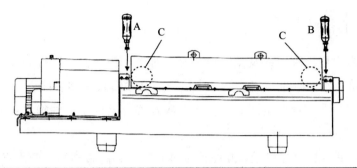

润滑点	每天运作 0~8 h	每天运作 8~16 h	每天运作 16~24 h	润滑剂	润滑剂用量
A	转鼓轴承 油枪手动注油 3 次	转鼓轴承 油枪手动注油 6 次	转鼓轴承 油枪手动注油 10 次	Fl0 tweg HG1	2 g/次
B					
C	更换后将螺旋轴承涂满油脂				2 kg/次
电机	针对有再润滑系统的电机			参考电机铭牌	
齿轮箱	按照说明每年换油（第一次换油时间为运行 500 h 后）			Klubersynth GHE6-100	4~5 L/次

图 5-24 卧式螺旋离心污泥脱水机润滑点位及加油规范

振动烈度值与对应区域工况如表 5-18 所示。

表 5-18 振动烈度值与对应区域工况

振动烈度/ (mm/s)	I 类 (主电机输出功率<15 kW)	II 类 (15 kW≤主电机输出功率≤75 kW)	III 类 (主电机输出功率>75 kW)
0.28	A	A	A
0.45			
0.71			
1.12			
1.8			
2.8	B		
4.5		B	
7.1	C		B
11.2			
18		C	
28	D		C
45		D	D

注：本标准的振动值是为保证避免大的缺陷，如作为验收标准应与机器制造厂商协商并在合同中说明。

5.2.3.3　安全运行操作

启动前，需检查机身内部及排料口状态，对于不符合安全运行的须清理干净。并对传动部分进行检查确保其正常灵活，完成检查后必须锁紧罩体螺栓。

启动操作时必须检查按主次顺序完成电源开关合闸程序，并确保主电路、控制回路等无故障，保证电源输送和控制正常。

离心式污泥脱水机开始转动，并在控制时间内达到离心式污泥脱水机运行所需转速，此阶段操作者应注意倾听设备声音变化。必要时须采用振动仪人工检测设备振动数据，原则要求离心式污泥脱水机振动数据控制范围为 1.8~4.5 mm/s。同时观察控制显示器上各类数据变化情况，含转鼓速度、电流、频率、振动等数据。

确认主电机控制切换正常，差速和行星轮转速均在设定值附近，此时才能按如下步骤安全操作并启动运行：

①启动泥饼输送及附属机械设施系统，并检查其运行状态。
②打开进泥阀，并检查阀门有无泄漏。
③打开切割机密封水，约 30 s 启动切割机。
④开动凝剂输送泵，并调整絮凝剂流量及稀释水流量。
⑤开动污泥进料泵，并检查调整污泥流量（由小到大逐渐增加到正常量）和污泥情况。
⑥对流程及数据状态进行工作记录。

停机安全操作时必须按如下流程安全操作：

①逐步减小进料泵流量后，逐步关闭进料泵、絮凝剂输送泵、进泥阀等设备设施。
②打开切割机冲洗阀对切割机进行清洗，清洗完成后关闭切割机前冲洗阀（包括密封水阀）。
③打开控制柜离心式污泥脱水机冲洗阀和絮凝液稀释水，对离心式污泥脱水机和进料管路进行冲洗，清水冲洗约 15 min 之后关闭离心式污泥脱水机，并在离心式污泥脱水机停机前（转速小于 300 r/min），停止冲洗水。
④关闭泥饼输送机。
⑤关闭控制柜电源开关。

安全运行操作注意事项：

①操作前，穿戴安全帽和耳塞并确定安全站位。
②在离心式污泥脱水机达到全速运转前，不得进料或者进水，当离心式污泥脱水机转鼓转速小于 300 r/min 前严禁用水冲洗，应立即关闭冲洗水阀门。
③出泥口未出水前，严禁关闭刀闸阀，出水后，应立即关闭，让水从回流管道流出。
④定期开启反冲洗水，防止堵塞。并时时观察扭矩变化情况，预防因扭矩增长而

堵泥。

⑤当扭矩未降低到 750 N·m 时，严禁停机（在冲洗水足够前提下）。如果机器振动速度超过 18 mm/s 时，应立即停机。要求不可连续启停设备，再次启动时电机必须为铭牌规定的温度。

⑥如需拆卸离心式污泥脱水机，应确认离心式污泥脱水机已完全停止，主电源及主开关已完全关闭。

⑦运转期间严禁踩踏离心式污泥脱水机，旋转部件附近不得放置抹布及其他杂物。

5.2.3.4 日常点检与一般维护

①检查设备周围是否清洁、是否有异常声响或异常振动等现象。

②检查电流、频率、轴温、扭矩、差数、振动等技术参数是否符合正常运行参数。

③检查润滑状态及是否存在有漏油现象，如有异常应立即停机并排除隐患或故障。

④检查联轴器及附属元器件和机械结构是否正常，是否老化变形等，如有异常应立即停机并排除隐患或故障。

⑤停机检查螺旋输送器及转鼓磨损情况，定期进行磨损件更换。

⑥检查各连接的密封性，并及时停机更换损坏件。

⑦运行过程要检查并经常注意污泥流量、絮凝剂流量及余量、出泥情况、出液状况。根据以上状况及经验数据调整速差或小齿轮扭矩（扭矩控制法）或进泥量、絮凝剂量。如发现异常，需及时处理及反馈。

5.2.3.5 常见故障检查与处理

常见故障检查与处理如表 5-19 所示。

表 5-19 离心式污泥脱水机常见故障与处理

故障现象	故障检查	处理方法
异响，抖动大	检查安装是否水平牢固，紧固件是否损坏，检查轴承是否正常，检查机械部件是否有磨损	调整水平，紧固松动部件，修复或更换损坏件
电机易烧毁	检查接线是否缺相，检查轴承等机械部件是否抱死	检测并修复线路；修复或更换机械部件
转速慢	检查轴承是否缺油，机械部位是否抱死	清洗轴承并更换油脂；修复或更换机械部件
制动刹车失灵	检查刹车片是否磨损或损坏	如刹车片损坏，需及时更换
内筒反转	检查电机相序是否接反	检测相位，调整恢复

故障现象	故障检查	处理方法
内外筒摩擦	检查筒体是否变形	如有变形,及时修复或更换
设备不转动	检查有无电源,电机等部件是否损坏	检测恢复电源,修复或更换损坏部件
轴承底座过热	检测轴承是否磨损	加注适量的润滑油
出口不排料,介质直接由轻液出口排出	检查离合确认转速是否正常;检查减压阀调节位置是否正常到位或管路堵塞导致水压较低	调整离合恢复转速;调整减压阀或对管路、对滑动活塞闭合室进行清洗
齿轮油循环泵跳闸	检查电机电流或空气开关是否正常	修复故障
齿轮油循环压力低	检查循环油泵过滤芯是否正常	更换滤芯
油气光滑系统油位低	检查油箱油位是否正常或是否有泄漏现象	加注润滑油或修复油箱
油气光滑系统油泵故障	检查油泵或油压开关是否正常	修复故障

5.2.3.6　经济运行

①根据污泥排放量调整离心式污泥脱水机运行时间。

②调整进泥污泥浓度和絮凝剂加药量,降低泥饼含水率和滤水含固率。

③提升切割效能,定期检查并清理筛网,减少污泥堵塞现象。

④定期检查离心式污泥脱水机振动值,并进行维护调整恢复。

⑤定期检查及更换润滑油脂,确保最佳运行状态。

⑥对冲洗水和冷却水进行循环利用,在冷却水水质较好的情况下也可用于絮凝剂溶解中,以提升絮凝剂的熟化程度,减少絮凝剂用量。

5.2.3.7　完好标准

离心式污泥脱水机完好状态条件及评价如表 5-20 所示。

表 5-20　离心式污泥脱水机完好状态条件及评价

完好状态必备的工况条件	评价方法及说明
设备开停机正常,运行正常、平稳;运行数据在正常范围内	运行电流正常,三相电流低于额定电流,偏差 $[(I_{最大}-I_{最小})\times 100\%/I_{平均}]$ 不超过 10%;无异常振动及异响,振动数据控制范围 1.8～2.8 mm/s;产能可达到脱水机额定最大处理量的 90% 以上;药耗低于内控指标;污泥含水率低于 80%;配套的空压机、切割泵、进泥泵、加药泵、配药系统等设备运行正常
润滑/冷却系统运行良好	按规定使用润滑油、定期润滑,润滑符合要求,油位、油温、油质正常,无明显漏油现象
开/停操作及转速、差速调节功能正常	控制功能正常,触摸屏操作面板显示正常,变频器操作及面板显示正常,各开关按键响应灵敏;现场开/停脱水机和调节转速、差速,观察开/停过程和转速变化情况

完好状态必备的工况条件	评价方法及说明
保护功能灵敏、可靠，报警功能及信号正常	振动、过温、过流、过油压、油温等保护功能正常完好；动作灵敏可靠
按规定时间定期进行了大修保养	按说明书规定时间对脱水机、变频器进行解体大修保养和保护功能测试（如果设备利用率低于50%，此项可适当放宽）

完好标准如下：

①开/停机正常，运行平稳，无异常振动和声响。

②含水率低于80%，药耗和单位能耗产干泥量在正常范围内。

③就地和远程操作、调节功能正常。

④运行/停止状态指示和异常报警功能正常。

⑤控制柜内接线端子无腐蚀变色，柜体接地线无变色或断开，柜内接线不杂乱、规范整齐，无灰尘蜘蛛网，无杂物，柜门闭锁正常，现场有电气控制图纸。

⑥设备标识、安全警示标志和安全防护措施齐全、完好。

5.2.3.8 技能要点及实训

（1）现场操作实训

①熟悉了解脱水机的开/停控制方式及运行流程，对触摸屏显示状态、启动、停止、故障复位等认知，并掌握运行关键参数（流量、电流、压力、温度等）数据的安全运行操作和点检要点。

②熟悉了解并掌握离心式污泥脱水机振动数据检测方式方法，熟悉了解运行声音的辨别，掌握异常声音的来源，掌握振动值的检测方法。

③熟悉了解并掌握润滑油及润滑脂的检查、加注、更换等方式方法，掌握油量的控制。

④正确掌握现场各阀门，并对开度的正确位置辨识。

⑤现场学习安全注意事项和应急情况处理操作。

（2）日常点检实训

①现场认知运行指示灯、接触器、开关、控制按钮、电流表、电压表、流量计、压力计等位置、正常值等数据。

②现场认知脱水机正常运行时声音、振动情况以及各阀门正确位置。

③现场认知转速、振动、冲洗效果、变频器等正常/异常状态，以及相关保护功能状态。

④中控室计算机上认知脱水机运行正常颜色，异常情况显示方式等，并远程视频巡检。

⑤编辑及完善点检表（表5-21）。

表 5-21 离心式污泥脱水机日常点检

巡检项目	点检标准	方法/工具	点检周期	安全注意事项	异常情况	异常处理措施

（3）常见故障处理实训

①设备异常应急按钮操作及上报流程。

②进料泵无流量，应急按钮、阀门判断、污泥泵运转频率、声音、振动等实际操作。

③压力不足，阀门检查等实际操作。

④污泥调理效果差处置方法；压榨后污泥含水率偏高调整方法。

5.2.4 叠螺式污泥脱水机

叠螺式污泥脱水机采用了多重叠片螺旋压滤方式，有自我清洗滤缝的功能，通过螺杆直径和螺距变化产生的强大挤压力，以及游动环与固定环之间的微小缝隙，实现对污泥进行挤压脱水的一种新型的固液分离设备。叠螺式污泥脱水机实物如图5-25所示。

图 5-25 叠螺式污泥脱水机实物

5.2.4.1 原理、结构及特点

（1）工作原理

叠螺式污泥脱水机的工作原理是由固定环和游动环的相互层叠，螺旋轴贯穿其中形成的过滤装置推动。前端为浓缩部，后端为脱水部。固定环和游动环之间形成的滤缝以及螺旋轴的螺距从浓缩部到脱水部逐渐变小。螺旋轴的旋转在推动污泥从浓缩部到脱水

部的同时，也不断带动游动环清扫滤缝，防止堵塞。污泥在浓缩部经过重力浓缩后被输送到脱水部。在前进的过程中，随着滤液缝隙及螺距的逐渐变小，以及在被压板的作用下，本体内腔压力增大而产生极大的内压，再加上游动环做圆周运动所产生的剪切力和排泥口处设置的背压板产生的阻力等合力作用下，污泥随着本体内腔压力的持续增大容积被不断压缩，达到充分脱水的目的。叠螺式污泥脱水机工作原理如图5-26所示。

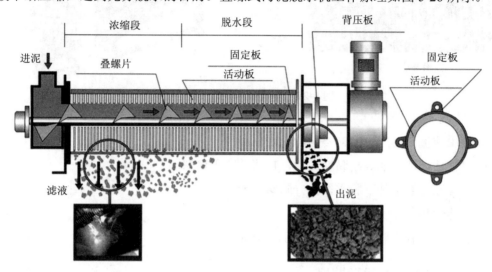

图 5-26　叠螺式污泥脱水机工作原理

（2）结构原理

叠螺式污泥脱水机的主体是由多重固定环和游动环构成，由固定环和游动环相互层叠成圆筒，螺旋轴贯穿其中形成的一种过滤装置。螺旋轴贯穿其中形成的过滤装置。前段为浓缩部，后段为脱水部，将污泥的浓缩和压榨脱水工作在一筒内完成，以独特微妙的滤体模式取代了传统的滤布和离心的过滤方式。固定环和游动环之间的空隙以及螺旋轴的螺距沿着泥饼出口方向，从浓缩部到脱水部逐渐变小。因螺旋轴的外径比游动环的内径大，所以螺旋轴在旋转的同时推动游动环做圆周运动，能够及时清扫滤缝，防止堵塞。叠螺式污泥脱水机结构如图5-27所示。

（3）主要特点

①叠螺式污泥脱水机占地面积小、可处理低浓度污泥、特别适用于处理含油、高黏度的污泥，目前，该设备已广泛应用于市政污水。

②叠螺式污泥脱水机集全自动控制柜、絮凝调质槽、污泥浓缩本体及集液槽于一体，可在全自动运行的条件下，实现高效絮凝，并连续完成污泥浓缩，最终将收集的滤液回流或排放。

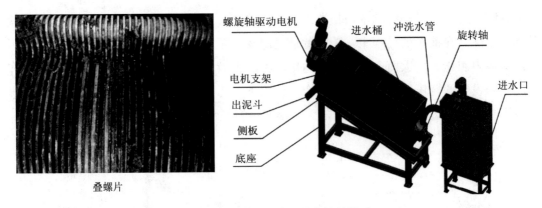

图 5-27 叠螺式污泥脱水机结构

③适用质量浓度为 3 000～50 000 mg/L。
④可直接处理含油等高黏度污泥，自清洗、无堵塞。
⑤污泥在好氧条件下脱水，提升除磷功能。
⑥低速运转，无噪声，低能耗。
⑦用于污泥脱水时，其缺点是含水率>80%。

5.2.4.2 控制方式及运行监控

叠螺式污泥脱水机控制方式分为手动、自动两种控制模式，一般采用自动控制模式。

(1) 工艺说明

污泥池内的污泥质量浓度必须在 2 000 mg/L 以上，而且，随着污泥质量浓度的增大，污泥脱水机的脱水性能将随之增大，表现为泥饼的处理量增大，泥饼的含水率降低，但是污泥质量浓度不能过高，要保证污泥有足够的流动性，而且必须保证污泥质量浓度的相对稳定。因此，对污泥浓缩池或贮存池要进行搅拌。因为如果没有进行搅拌，污泥就难免分层，导致进入污泥脱水机的污泥质量浓度不稳定，因为絮凝剂的添加量在调试的时候，按照某种比例设定，因此，有的时候，污泥浓度过低，会造成絮凝剂的浪费，而且，如果污泥质量浓度过高，不能很好的絮凝，最终影响絮凝剂的效果。

标准配置的电控柜能够控制其中一台加药泵和一台污泥输送泵。持续输送到污泥脱水机上有污泥回流管，通过计量能够保证等量的污泥进入污泥脱水机主体。污泥输送泵的作用是将污泥池的污泥持续输送到叠螺式污泥脱水机，对于叠螺式污泥脱水机不需要高压泵。高分子絮凝剂输送泵的作用就是将溶解好的高分子絮凝剂输送到污泥脱水机的絮凝混合槽。根据污泥脱水机绝干污泥的处理量、絮凝剂添加率、稀释倍率可以计算出高分子絮凝剂的添加量。计量槽上有溢流管，通过调节溢流管，进行流量控制，保证进泥量的稳定。

叠螺式污泥脱水机通过叠螺主体进行固液分离，滤液从固定环和游动环形成的滤缝中排出，在正常运行状态下，处理后的污泥以泥饼形式排出。主体是由相互层叠的固定环和游动环，以及贯穿其中的螺旋轴组成的一种过滤装置。主体前半部分为浓缩部，通过重力的作用对污泥进行浓缩；后半部分是脱水部，在螺旋轴轴距及转动速度的变化以及被压板的作用下产生内压，达到脱水的效果。螺旋轴的速度调慢时，污泥在叠螺主体内滞留时间加长，泥饼处理量及含水率降低；当螺旋轴的速度调快时污泥在叠螺主体内滞留时间变短，泥饼处理量及含水率增高。同时也可以通过调节背压板对泥饼的处理量和含水率进行调节，当背压板间隙调小时，增大了螺旋轴中前进污泥阻力，泥饼处理量及含水率降低，当背压板间隙调大时，减小了螺旋轴中前进污泥阻力，泥饼处理量及含水率提高。螺旋轴带动游动环及时把夹在滤缝里的污泥排除，具有自我清洗能力防止滤缝堵塞。叠螺主体上方设有喷淋装置，在自动运行状态下，可以根据设定时间开启或关闭电磁阀，进行不定期喷淋，保持脱水机美观。叠螺式污泥脱水机运行工艺如图 5-28 所示。

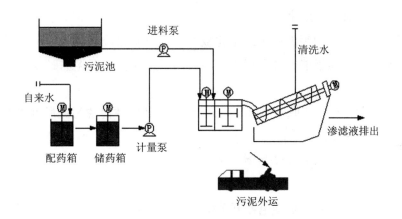

图 5-28　叠螺式污泥脱水机的运行工艺

（2）自动化控制系统
①通过设置在污泥池内的液位计控制叠螺式污泥脱水机的开/停。
②通过 24 小时时间定时器实现叠螺式污泥脱水机任意设置时间段的开/停。
③通过设置在絮凝混合槽的液位计控制污泥泵与加药泵的开/停。
④通过常闭电磁阀、定时器实现对叠螺本体的间歇性喷淋。
⑤通过接入中控系统，实现一键开/停叠螺式污泥脱水机系统。

5.2.4.3 安全运行操作

（1）手动模式

①"电源"指示灯亮起，"故障"指示灯不亮。

②"手动—停止—自动"旋钮设置为"手动"。

③依次打开"污泥泵""加药泵""高效混凝器搅拌机""混合槽搅拌机""叠螺驱动电机"，使用初始频率运行。

④观察絮凝混合槽内的矾花、本体滤液和泥饼。

⑤根据较为理想的絮凝矾花和出泥效果调整确定各个电机的运行频率和泵的流量。

（2）自动模式

①"手动—停止—自动"的模式设置为"自动"。

②按下"自动启动"按键，设备自动运行，各设备的指示灯点亮，驱动装置也都处于运行状态。

③设备运行情况确认。

（3）长期停机时的注意事项

①为了防止槽体内的污泥腐蚀或干化板结，要将絮凝混合槽内的污泥通过排空管排出，槽内用水冲洗。为了能够顺利地将污泥排出，请在排出污泥的时候，让搅拌机保持运行状态。

②尽量打开背压板，让脱水本体手动运行 1 h，让腔体内的污泥尽可能地排出，之后本体的外周用水冲洗干净。

③为了防止电控柜内的端子生锈，请一定关好电控柜门。为了防止生锈，要保证室内通风透气。

④为了防止电控柜内电磁继电器开关生锈，至少每 3 个月手动运行机器一次。

⑤长期停机，须将电控柜内的总电源切断。

⑥若持续发现叠螺式污泥脱水机的处理能力与正常能力偏差的情况，将因污泥堵塞引起驱动电机过载，游动环、螺旋轴发生异常磨损。

⑦在日常或定期点检的时候，只要没有异常，不要随意调整背压板和将固定螺丝旋得过紧。

⑧水位调整管应在刻度的范围内调整使用。

5.2.4.4 日常点检与一般维护

叠螺式污泥脱水机日常点检项目如表 5-22 所示。

表 5-22 叠螺式污泥脱水机日常点检项目

点检部位	点检项目
电机	确认电机在动作
	确认没有异响
	确认没有振动
背压板	确认背压板设定的间隙是合理的
	确认泥饼含水率的波动不大
螺旋轴	确认滤液没有异常的固形物漏出
计量槽	确认回流管及堰的周围没有污泥堆积
絮凝混合槽	确认进泥管及电极棒的周围没有污泥堆
	确认絮团的形成状况良好
	确认每周清空一次，并进行内部的清洗

5.2.4.5 常见故障检查与处理

叠螺式污泥脱水机常见故障检查与处理如表 5-23 所示。

表 5-23 叠螺式污泥脱水机常见故障检查与处理

故障位置	故障内容	处理方式
混合槽搅拌机	变频器故障	检查电流设定值是否偏低，若是，则将数值按电机额定值设置或相应增大； 检查电机是否损坏，若是则更换电机
电机	电机故障	检查设定的电流范围是否太小，若是则增大设定值； 检查电机，可能是电机异常引起故障
螺旋本体	游动环不动	游动环磨损
	滤缝异常漏泥	固形物投加量太多，调整溢流管降低进泥量
		螺旋轴转速太慢，提高螺旋轴转速
		无法形成合适的絮团
	滤液异常浑浊	固形物投加量太多，调整溢流管降低进泥量
		螺旋轴转速太慢，提高螺旋轴的转速
背压板	没有设定合适的间隙	背压板的固定螺丝松动，调整合适的间隙
	泥饼含水率变化极大	没有形成合适的絮团
注意事项		若刚启动时发生电机过载报警，可能是电机过载电流未设定； 若启动电机时报警，这是由于启动瞬间电流较大所导致，只需等待几秒钟，设备就能稳定运行
倒转功能		当串螺出现堵塞时，将切换开关转到倒转后，点击倒转按钮即可倒转排除。注：倒转功能仅限手动时使用

5.2.4.6 经济运行

①根据污泥浓度变化及时调节螺旋运转的频率,保证螺旋转速正常。

②污泥絮凝调理达到要求,形成合适的污泥絮体。

③根据污泥处理量适当运行螺旋本体,螺旋本体可以同时运行,也可以单独运行。

④根据叠螺式污泥脱水机绝干污泥的最大处理量、污泥的实际浓度计算出单位时间的污泥输送量。如果污泥输送泵的污泥输送能力大大超过污泥脱水机的处理量,可能会造成计量槽多余的污泥来不及回流,这种情况下可调节污泥输送量。

⑤根据叠螺式污泥脱水机绝干污泥的处理量、絮凝剂添加率、稀释倍率可以计算出高分子絮凝剂的添加量。絮凝剂添加率与污泥性质和絮凝剂种类有关,理想的矾花直径为 5 mm,稀释倍率也可以根据实际情况适当调整基本上稀释倍数在 0.1%~0.2%。

⑥计量槽上有溢流管,通过调节溢流管,进行流量控制,保证进泥量的稳定。絮凝混合槽内有搅拌电机,主要是对从计量槽流入的污泥通过加药泵输入的絮凝剂进行搅拌。搅拌电机通过变频器控制可以改变搅拌的速度。搅拌的速度可以调整,如果速度过慢,污泥与絮凝剂不能充分混合形成矾花,如果速度过快,容易把形成的矾花打碎。

5.2.4.7 完好标准

叠螺式污泥脱水机完好状态条件及评价如表 5-24 所示。

表 5-24 叠螺式污泥脱水机完好状态条件及评价

完好状态必备的工况条件	评价方法及说明
设备开停机正常,运行正常、平稳;运行数据在正常范围内	运行电流正常,三相电流低于额定电流,偏差 $[(I_{最大}-I_{最小})\times 100\%/I_{平均}]$ 不超过 10%;无异常振动及异响,产能可达到脱水机额定最大处理量的 90% 以上;药耗低于内控指标;污泥含水率低于 80%;配套设备运行正常
润滑系统运行良好	按规定使用润滑油、定期润滑,润滑符合要求,油位、油温、油质正常,无明显漏油现象
开/停操作及转速调节功能正常	控制功能正常,触摸屏操作面板显示正常,变频器操作及面板显示正常,各开关按键响应灵敏;现场完好开/停脱水机和调节转速
保护功能灵敏、可靠,报警功能及信号正常	振动、过温、过流等保护功能正常完好;动作灵敏可靠
按规定时间定期进行了大修保养	按说明书规定时间对脱水机、变频器进行解体大修保养和保护功能测试(如果设备利用率低于 50%,此项可适当放宽)

完好标准如下：

①实际吨干泥药剂费＜目标吨干泥药剂费。
②脱水系统实际单位能耗产干泥量＞脱水系统目标单位能耗产干泥量。
③开/停机正常，运行平稳，无异常振动和声响。
④含水率低于标称值，药耗和单位能耗产干泥量在正常范围内。
⑤滤板无破损，表面冲洗效果良好，无污泥附着。
⑥运行/停止状态指示和异常报警功能正常。
⑦控制柜内接线端子无腐蚀变色，柜体接地线无变色或断开，柜内接线不杂乱、规范整齐，无灰尘蜘蛛网，无杂物，柜门闭锁正常，现场有电气控制图纸。
⑧设备标识、安全警示标志和安全防护措施齐全、完好。

5.2.4.8 技能要点与现场实训

（1）现场操作实训

①熟悉了解脱水机开/停控制方式及运行流程，掌握现场安全运行操作控制方式和点检要点。
②熟悉了解并掌握脱水机运行声音的辨别，掌握异常声音的来源。
③熟悉了解并掌握润滑油及润滑脂的检查、加注、更换等，掌握油量的控制。
④熟悉触摸屏显示状态，对启动、停止、故障复位等按钮认知，学习运行控制方法。
⑤正确掌握现场各阀门，并对开度的正确位置辨识。
⑥若污泥的浓度变化，造成泥饼含水率或污泥处理量与叠螺式污泥脱水机的正常效率有较大偏差的时候，重新调整螺旋的转速。
⑦现场学习安全注意事项和应急情况处理操作。
⑧运行关键参数（流量、电流、压力、温度等）数据、操作。

（2）日常点检实训

①现场认知脱泥系统运行指示灯、控制按钮、电流表、电压表位置、正常值等数据。
②现场认知流量计、压力计等位置，读数、正常值等数据。
③现场认知振动等保护功能和变频器正常、异常显示情况，接触器、开关正常位置。
④现场认知脱水机正常运行时声音、振动情况，各阀门正确位置。
⑤现场认知转速、振动、冲洗效果等正常状态。
⑥中控电脑上认知脱水机运行正常颜色，异常情况显示方式等，并远程视频巡检。
⑦编辑及完善点检表（表5-25）。

表 5-25　叠螺式污泥脱水机日常点检

巡检项目	点检标准	方法/工具	点检周期	安全注意事项	异常情况	异常处理措施

（3）常见故障处理实训

①设备异常应急按钮操作及上报流程。

②进料泵无流量，应急按钮、阀门判断、污泥泵运转频率、声音、振动等实际操作。

③叠螺片堵塞清理操作。

④污泥调理效果差处置方法；压榨后污泥含水率偏高调整方法。

第 6 章 阀 门

6.1 简介

阀门是一种通过改变其内部通路截面积来控制管路中介质流通的通用机械产品。在管道系统中，阀门起着非常重要的作用。它是管路流体输送系统中的控制部件，用来改变通路断面和介质流动方向，具有导流、截止、节流、止回、分流或溢流卸压等功能。阀门被广泛应用于城镇供水、污水处理等环保行业的管道系统中。在污水处理厂中使用的闸门与阀门种类繁多。闸门有铸铁闸门、平面钢闸门、速闭闸门等，阀门有闸阀、止回阀、蝶阀、球阀、截止阀等。

6.1.1 类型、结构及特点

6.1.1.1 闸阀

（1）工作特征

闸阀是指关闭件（闸板）在阀杆的带动下，沿通路中心线的垂直方向上下移动而达到启闭目的的阀门。闸阀是使用范围很广的一种阀门，一般 DN≥50 的切断装置都可选用，有时口径很小的切断装置也可选用。闸阀作为截止介质使用，在全开时整个管路系统直通，此时介质运行的压力损失最小。闸阀通常适用于闸板全开或全闭且不需要经常启闭的工况。闸阀在管路中不适用于作为调节或节流使用，对于高速流动的介质，闸板在局部开启状况下可能引起闸门的振动，振动可能损伤闸板和阀座的密封面，而节流会使闸板受到介质的冲蚀。

如果一个阀体内的通道直径不一样（往往都是阀座处的通径小于法兰连接处的通径），则称为通径收缩。通径收缩能使零件尺寸缩小，开、闭所需的力也相应减小，同时可扩大零部件的应用范围，但通径收缩后，流体阻力损失将增大。闸阀实物及结构如图 6-1 所示。

| 明杆式闸阀 | 暗杆式闸阀 | 平行式闸阀 |

图 6-1 闸阀实物及结构

（2）主要结构

闸阀主要由手轮、阀杆、阀板、阀体、阀盖、填料等组成。闸阀结构如图 6-2 所示。

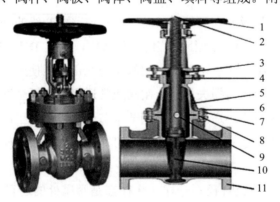

1. 手轮；2. 阀杆螺母；3. 填料压盖；4. 填料；5. 阀盖；6. 双头螺栓；7. 螺母；8. 垫片；9. 阀杆；10. 阀板；11. 阀体。

图 6-2 闸阀结构

(3) 优缺点

优点：流体阻力小，阀体内部介质通道是直通且不改变介质流经流动方向；阀板运动方向与介质流动方向相垂直，启闭力矩小较省力；介质流动方向不受限制、不扰流、不降低压力；结构长度较短；密封性能好，全开时密封面受冲蚀较小；体形比较简单，铸造工艺性较好，适用范围广。

缺点：闸板与阀座相接触的两密封之间有相对摩擦，易损伤密封面，影响密封件性能与使用寿命，维修比较困难；闸板行程大，启闭时间一般较长；外形尺寸高，安装所需空间较大；结构复杂，成本比截止阀高。

6.1.1.2 蝶阀

(1) 工作特征

蝶阀是污水处理厂中使用最为广泛的一种阀门，它的流通介质有污水、清水、活性污泥及低压气体等。蝶阀是用圆形蝶板作启闭件并随阀杆转动来开启、关闭和调节流体通道的一种阀门。蝶阀的蝶板安装于管道的直径方向。在蝶阀体圆柱形通道内，圆形蝶板绕着轴线旋转，旋转角度为 90°时，阀门则呈全开状态。蝶阀实物如图 6-3 所示。

图 6-3 蝶阀实物

(2) 主要结构

蝶阀具有结构简单、体积小、重量轻、材料耗用省、安装尺寸小、开关迅速、90°往复回转、驱动力矩小等特点。用于截断、接通、调节管路中的介质，具有良好的流体控制特性和关闭密封性能。蝶阀处于完全开启位置时，蝶板厚度是介质流经阀体时唯一的阻力，因此通过阀门所产生的压力降小，具有较好的流量控制特性。蝶阀结构如图 6-4 所示。

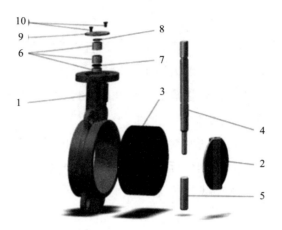

1. 阀体；2. 阀板；3. 阀座；4. 上阀杆；5. 下阀杆；6. 衬套；7. O形圈；8. 卡簧；9. 卡盘；10. 螺钉。

图 6-4　蝶阀结构

（3）优缺点

优点：启闭方便迅速、省力、流体阻力小；结构简单，体积小，重量轻；调节性能好，低压下可以实现良好的密封。

缺点：使用压力和工作温度范围小；密封性较差。

6.1.1.3　止回阀

止回阀又称逆止阀或单向阀，它由阀体和装有弹簧的活瓣门组成。止回阀实物及构造如图 6-5 所示。

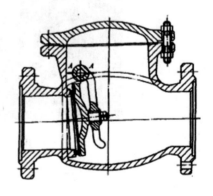

旋启式止回阀

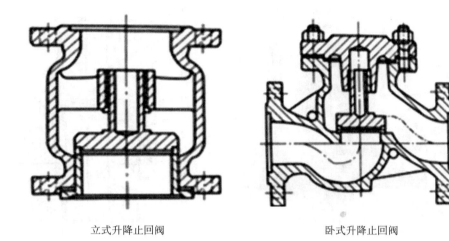

立式升降止回阀　　　　　　　　卧式升降止回阀

图 6-5　止回阀实物及构造

（1）工作原理

当介质在止回阀内部正向流动时，活瓣门在介质的冲击下打开，管道畅通无阻；当介质倒流时，活瓣门在介质的反向压力下关闭，以阻止介质的倒流，从而可以保证整个管网的正常运行，并对水泵及风机起到保护作用。

在污水处理厂中，由于工艺运行的需要，还常使用缓闭止回阀，用以消除停泵时出现的水锤现象。缓闭止回阀主要由阀体、阀板及阻尼器三部分组成。停泵时阀板分两个阶段的关闭，第一阶段在停泵后借阀板自身重力关闭大部分，尚留一小部分开启度，使形成正压水锤的回冲水流过，经水泵、吸水管回流，以减少水锤的正向压力；同时由于阀板的开启度已经变小，防止了管道水的大量回流和水泵倒转过快。第二阶段时，将剩余部分缓慢关闭，以免发生过快关闭的水锤冲击。

（2）主要结构

止回阀主要由阀体、阀座、阀瓣、摇臂、螺母、销、支架、阀盖螺母、阀盖螺柱、螺栓垫片、阀盖、活节螺栓组成。止回阀结构如图6-6所示。

（3）工作特点

止回阀的工作特点是载荷变化大，启闭频率小，只有关闭和开启两种状态，不要求运动部件运动。止回阀在大多数实际使用中，定性地用于快速关闭。而在止回阀关闭的瞬间，介质是反方向流动的，随着阀瓣的关闭，介质从最大倒流速度迅速降至零，压力则迅速升高，会产生对管路系统可能有破坏作用的"水锤"现象。对于多台泵并联使用的高压管路系统，止回阀的水锤问题更加突出。为了防止管道中的水锤隐患，近年来，人们在止回阀的设计中，采用了一些新结构、新材料，在保证止回阀适用性能的同时，将水锤的冲击力减至最小。

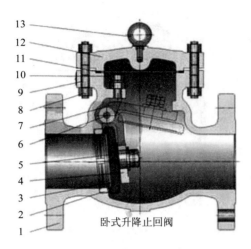
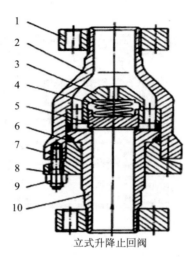

卧式升降止回阀　　　　　　　　　立式升降止回阀

1. 阀体；2. 阀座；3. 阀瓣；4. 摇臂；5. 螺母；
6. 销；7. 支架；8. 阀盖螺母；9. 阀盖螺柱；
10. 螺栓；11. 垫片；12. 阀盖；13. 活节螺栓。

1. 法兰；2. 阀体；3. 导向套；4. 弹簧；
5. 阀瓣；6. 密封环；7. 螺栓；8. 阀盖；
9. 螺母；10. 阀座。

图 6-6　止回阀结构（卧式/立式）

6.1.1.4　截止阀

截止阀属于强制密封式阀门。在阀门关闭时，必须向阀瓣施加压力，以强制密封面不泄漏。当介质由阀瓣下方进入阀门时，操作所需要克服的阻力包括了阀杆与填料之间的摩擦力、介质压力所产生的推力。因为关阀门的力比开阀门的力大，所以阀杆的直径要大。自动密封阀门出现后，截止阀的介质流向就改由阀瓣上方进入阀腔，在介质压力作用下，关阀门的力小，而开阀门的力大，阀杆的直径可以相应地减小；同时，在介质作用下，阀门封闭也较严密。截止阀开启时，阀的开启高度为公称直径的 25%～30%，流量已达到最大，阀门已达全开位置，所以截止阀的全开位置，应由阀瓣的行程来决定。截止阀实物如图 6-7 所示。

手动截止阀　　　　　　　手动截止阀　　　　　　　电动截止阀

图 6-7　截止阀实物

(1) 工作原理

截止阀启闭件是塞形的阀瓣，密封面呈平面或锥面，阀瓣沿流体的中心线做直线运动。控制阀瓣的阀杆运动形式有升降杆式（阀杆升降，手轮不升降）和升降旋转杆式（手轮与阀杆一起旋转升降，螺母设在阀体上）。截止阀只适用于全开和全关，不允许作调节和节流之用。

(2) 主要结构

截止阀主要由手轮、阀杆螺母、阀杆、填料压盖、T形螺栓、填料、阀盖、垫片、阀瓣、阀体组成。手动和电动截止阀结构分别如图6-8、图6-9所示。

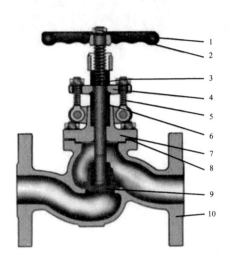

1. 手轮；2. 阀杆螺母；3. 阀杆；4. 填料压盖；5. T形螺栓；
6. 填料；7. 阀盖；8. 垫片；9. 阀瓣；10. 阀体。

图 6-8　手动截止阀结构

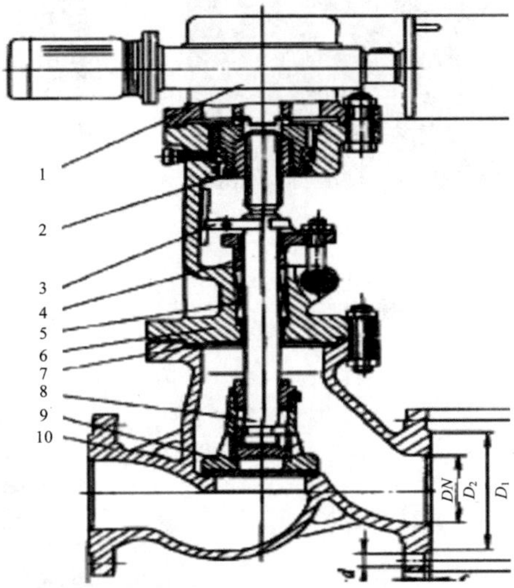

1. 电动装置；2. 阀杆螺母；3. 导向块；4. 填料压盖；
5. 填料；6. 阀盖；7. 垫片；8. 阀杆；9. 阀瓣；10 阀体。

图 6-9　电动截止阀结构

(3) 特点

截止阀主要起到切断管路中介质的作用，与闸阀相比，截止阀调节性能较好，开启高度小，关闭时间短，制造与维修方便，密封面不易损、擦伤，密封性能较好、使用寿命长，但调节性能较差。截止阀的阀体结构设计较曲折，因此流阻大，能量消耗大。截止阀适用于蒸汽、油品等介质，不宜用于黏度较大、带颗粒、易结焦、易沉淀的介质。

6.1.1.5　球阀

(1) 工作原理

球阀通过旋转阀芯使阀门畅通或闭塞，当球旋转90°时，在进、出口处应全部呈现球面，从而截断流动。球阀只需要用旋转90°的操作和很小的转动力矩就能关闭严密。完全平等的阀体内腔为介质提供了阻力很小、直通的流道。具有密封可靠，结构简单，维修方便，密封面与球面常在闭合状态，不易被介质充蚀的特点。目前，球阀已在石油、化工、发电、食品、原子能、航空、火箭等领域广泛使用。

球阀实物如图 6-10 所示，球阀主要结构如图 6-11 所示。

图 6-10　球阀实物

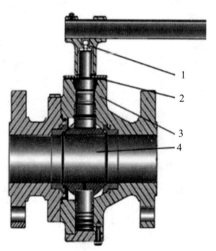

1. 阀杆；2. 上轴承；3. 球体；4. 下轴承。

图 6-11　球阀主要结构

（2）特点

球阀在管路中主要用来做切断、分配和改变介质的流动方向，具有以下特点：

①流体阻力小，其阻力系数与同长度的管段相等；结构简单、体积小、重量轻。

②紧密可靠，目前球阀的密封面材料广泛使用塑料，其密封性好，在真空系统中广泛使用。

③操作方便，开闭迅速，从全开到全关只要旋转 90°，便于远距离的控制；在全开或

全闭时,球体和阀座的密封面与介质隔离,介质通过时,不会引起阀门密封面的侵蚀。

④维修方便,球阀结构简单,密封圈一般都是活动的,拆卸更换都比较方便。

⑤适用范围广,通径从几毫米到几米,从高真空至高压力都可应用,既适用于水、溶剂、酸、天然气等一般工作介质,又适用于工作条件恶劣的介质,如氧气、过氧化氢、甲烷和乙烯等。

6.1.2 阀门电动执行器

根据阀门电动执行器的种类相当多,工作原理也不太一样,一般以转动阀板角度、升降阀板等方式来实现启/闭控制,当与电动执行器配套时首先应根据阀门的类型选择电动执行器。常见的阀门电动执行器类型有角行程电动执行器、多回转电动执行器、直行程电动执行器。

(1)角行程电动执行器(转角<360°)

角行程电动执行器输出轴的转动小于一周,即小于360°,通常为90°就实现阀门的启闭过程控制。此类电动执行器根据安装接口方式的不同又分为直连式、底座曲柄式两种。角行程电动执行器适用于蝶阀、球阀、旋塞阀等。

①直连式:是指电动执行器输出轴与阀杆直连安装的形式。

②底座曲柄式:是指电动执行器输出轴通过曲柄与阀杆连接的形式。

角行程电动执行器实物如图6-12所示。

图6-12 角行程电动执行器实物

(2)多回转电动执行器(转角>360°)。

多回转电动执行器输出轴的转动大于一周,即大于360°,一般需多圈才能实现阀门的启闭过程控制。多回转电动执行器适用于闸阀、截止阀等。多回转电动执行器实物如图6-13所示。

图 6-13　多回转电动执行器实物

（3）直行程电动执行器（直线运动）

直行程电动执行器输出轴的运动为直线运动式，不是转动形式。此类电动执行器适用于单座调节阀、双座调节阀等。直行程电动执行器实物如图 6-14 所示。

图 6-14　直行程电动执行器实物

6.2　控制方式与运行监控

6.2.1　控制方式

电动阀门控制方式包括现场手动、远程手动和自动控制三种方式：

（1）现场手动方式

是指在现场通过就地控制箱上的开关按钮进行开/关阀门的操作方式。

（2）远程手动方式

是指在中控室计算机上通过操作界面进行开/关阀门的操作方式。

（3）自动控制方式

根据工艺控制要求，通过 PLC 编程实现对阀门自动开/关和开度调节。

6.2.2 运行监控

中控室计算机连续监控阀门状态、开度、是否故障，出现异常情况时将发出声光报警，提示运行人员进行处理。

6.3 安全运行操作

①操作前请检查阀门密封、阀杆是否正常运行，有无泄漏等。
②操作前请检查阀门目前是处于"关"或者"开"的状态。
③操作中将阀门沿着顺时针或者逆时针调整阀门到"开"或者"关"状态。
④操作后将阀门标识标牌调整为"开"或"关"状态，并告知中控值班人员。
⑤操作中阀门出现异响、丝杆扭曲或电源跳闸，应停止操作并通知维修人员进行检修。
⑥注意观察阀门是否关到位或者开到位。

6.4 日常点检与一般维护

①定期检查并清除阀门上的污物，在其表面涂抹防锈油。
②查看阀门密封面是否磨损，并根据情况进行维修或更换。
③检查阀杆和阀杆螺母的梯形螺纹磨损情况、填料是否过时失效等，并进行必要的更换。
④对阀门的密封性能进行试验，确保其性能。
⑤运行中的阀门应完好，法兰和支架上的螺栓齐全，螺纹无损，没有松动现象。
⑥如手轮丢失，应及时配齐，而不能够用活扳手代替。
⑦填料压盖不允许歪斜或无预紧间隙。
⑧当运行环境较为恶劣，易受雨雪、灰尘、风沙等污物沾染时，则应该为阀杆安装保护罩。
⑨阀门上的标尺应保持完整、准确、清晰，阀门的铅封、盖帽完整，无破损。
⑩保温夹套应无凹陷、裂纹。
⑪运行中的阀门，避免对其敲打或者支撑重物等。

6.5 常见故障检查与处理

①运行工在现场巡检时，无法启动阀门，可手动或者在电控箱将远程控制打到就地控制，重新启动阀门开启，如无法启动及时告知维修人员进行维修。

②中控值班人员远程控制不了阀门，可先通知运行工到现场检查，如现场不能重新启动，则及时告知维修人员进行维修。

6.6 经济运行

①定期进行防腐及润滑维护保养，确保传动机构灵活可靠。

②阀盖和螺杆等部位必须良好密封或遮盖，避免水浸或灰尘杂物侵扰。

③定期清理阀门内部及阀板处的杂物，确保通量符合要求。

6.7 完好标准

①阀门本体无锈蚀、无损坏，部件完好。

②阀杆旋转灵活，开启或关闭位置正常，阀门关闭后，无泄漏。

③填料及填料压盖正常，无损坏，密封符合要求。

④扭矩保护及限位保护正常、可靠。

6.8 技能要点与现场实训

①阀门运行故障报警的检查和处理。

②阀门日常重点防腐部位和润滑要点。

③编辑及完善点检表（表6-1）。

表6-1 阀门日常点检

巡检项目	点检标准	方法/工具	点检周期	安全注意事项	异常情况	异常处理措施

第 7 章 供配电系统与电气控制

7.1 类型及特点

7.1.1 高压配电系统

按供电规范要求,污水处理厂为保证高质量的稳定及可靠用电,通常会从两个不同的变电站接入两路 6 kV 或 10 kV 高压供电,其运行方式为一用一备。高压配电系统两路高压经户外隔离开关接入室内高压进线柜,经高压计量柜、隔离柜、出线柜等接至降压变压器(6 kV 或 10 kV 变压至 400 V),然后经变压器降压低压侧引出至低压配电进行柜。高压配电系统各开关、保护继电器动作均采用直流屏供电。高压配电系统实物如图 7-1 所示。

高压配电柜实物

直流屏实物

图 7-1 高压配电系统实物

7.1.2 低压配电系统

低压配电系统自变压器出线端到用电终端,每一组变压器系统原则上带一组低压配电系统,并采用隔离转换断路器实施母联互联互锁。其主要供配电系统由进线柜、计量柜、电容补偿柜、馈电柜等组成。低压配电系统实物如图7-2所示。

图7-2 低压配电系统实物

7.2 控制方式与运行监控

7.2.1 控制方式

高低压配电系统在停/送电过程中,必须由具有高低压操作资质的人员按照审批后的"操作票"进行现场人工操作,操作过程必须执行"一人操作,一人监控"的方式。对于停电部位,必须悬挂对应项目的"警示牌",避免因误操作导致的人员伤害和设备事故。

7.2.2 运行监控

①高压供配电系统主要运行监控指标包含但不限于电压、电流、功率因数、温度等,一般采用电压表和综合保护器进行监控。

②低压供配电系统主要运行监控指标包含但不限于电流、电压、功率因数、温度等，一般采用电压表、电流表、功率因素表进行监控。

③运行监控包含故障及报警指示、环境温湿度、是否漏水、是否有小动物出没等。

7.3 安全运行操作

①原则上非电工人员不得对柜体及各元器件进行触摸、拆卸等作业，如有操作必须通知具有对应资质的电气人员到场操作。

②运行操作人员必须按指定路线和距离执行数据观察、数据抄录等作业。

③高低压配电房、变压器房巡视时必须注意人体与带电导体之间的距离应大于最小安全距离（10 kV 高压及以下为 0.7 m），禁止越过遮栏巡视电气设备。

④停/送电操作必须根据需操作范围填报《停（送）安全操作票》，经批准后才能执行，且必须做到"一人操作，一人监控"。

7.4 日常点检与一般维护

①应经常检查配电屏各种开关、指示灯、继电器、保护系统、电能系统、温湿度传感器（含加热装置）等是否正常。

②检查电压表、电流表、多功能表等的数据显示是否正常，是否有报警状态。

③点检时要核查送电、停电、故障等警示标识是否清晰、准确、整齐、可靠。

④点检时要注意异常气味（如胶臭味、腐烂味等），并尽可能地探明气味源。必要时在安全生产的情况下可停电检查。

⑤严格检查高压工器具、消防设备的完好度、完整度，是否安全规范地置放在规定位置，并确保在有效的检验周期。同时核查照明设施、防护栏、锁匙等是否完好有效。

⑥要严格检查直流屏、电容补偿柜的电池、电容是否有漏液、鼓包、腐蚀、打火等现象。检查各仪表显示数据是否正常（功率因数指标应为 0.9～0.98）。

⑦对配电室的环境卫生要随时进行清洁、整理，保持配电房通风、干燥、整洁、明亮。

对运行过程中发现的问题，应及时汇报，并严格做好巡视记录，严格遵守"上不清，下不接"工作流程。

⑧定期进行预防性试验和耐压试验，确保设备稳定、可靠运行，如发现隐患或故障应立即执行维护维修。

⑨定期清洁清扫，杜绝灰尘积压，必须保持设备设施干净、干燥。

⑩高/低压配电系统必须保持散热、除湿状态，严格控制温湿度，杜绝一切运行安全

隐患。定期检查各连接线路，紧固连接螺栓，保持柜体良好的接地状态，杜绝连接不良和受雷击安全隐患现象。

7.5 常见故障检查与处理

①生产过程发现设备无电源指示而停止运行时，应把设备改为手动模式，到高、低压配电室查看是否有电源或故障跳闸提示，并及时通知维修人员进行检查。

②全厂停电时应把自动运行的设备改为手动模式，并联系供电单位了解停电原因和恢复供电时间。

7.6 经济运行

①须定期按《电力设备预防性试验规程》对电力设备进行预防性和耐压试验检测。对不符合标准的设备必须更换。

②变压器输出电压 380～400 V，相间电压差不超过 10 V。低压终端电压必须保持在 380 V±7%。

③确保低压电容补偿完好性，要求功率因数指标必须大于 0.9。

④如涉及高压电机或感性设备较多场所，须安装电容补偿。

⑤如涉及高压设备安装的高压变频器，须按规范进行调频运行。

⑥须定期对高/低压柜体内部元器件进行清洁维护。

⑦不用的设备所对应的电气开关须停电并悬挂安全警示牌。

7.7 完好标准

①变压器输出电压 380～400 V，相间电压差不超过 10 V，变压器绕组温度无报警，散热风扇能自动运行，高压和变压器室内温度不高于 40℃，无异响和异味，高压柜内加热器工作正常。

②电压、电流、功率、电度等各类仪表、指示灯、按钮完好，显示电气数据基本保持与现场设备运行数据一致或误差不超过±（3%～7%）。

③高/低压室和变压器室内无漏水，电缆沟无积水，盖板齐全，室内通风照明良好，高压柜内照明正常。

④配电柜内接线端子无腐蚀变色，柜体接地线无变色或断开，柜内接线不杂乱、规范整齐，无灰尘、蜘蛛网，无杂物，柜门闭锁正常，配电系统接线图有上墙，计量柜铅

封正常。

⑤配电室规章制度、操作规程、标识牌、安全警示标识标牌、线路图等完整齐全，绝缘垫无破损，消防设施齐全、安全有效。

7.8 技能实训与现场实训

7.8.1 日常点检实训

①现场认知高低压配电系统组成、运行和故障指示灯、各种电表位置等。

②现场认知进入高/低压配电室的安全管理规定等。

③编辑及完善点检表（表7-1）。

表 7-1 供配电系统与电气控制日常点检

巡检项目	点检标准	方法/工具	点检周期	安全注意事项	异常情况	异常处理措施

7.8.2 常见故障处理实训

①设备无电源指标情况下的操作、检查及上报流程实训。

②全厂停电和恢复供电的离线操作实训（含操作票填报）。